RELIGION

ET

ÉVOLUTION

TROIS CONFÉRENCES FAITES A BERLIN
Les 14, 16 et 19 Avril 1905

PAR

ERNEST HAECKEL

Professeur à l'Université d'Iéna

Traduit de l'allemand par C. BOS

Docteur en Philosophie

PARIS
LIBRAIRIE C. REINWALD
SCHLEICHER FRÈRES, ÉDITEURS
61, RUE DES SAINTS-PÈRES, 61

RELIGION & ÉVOLUTION

« *Le problème important entre tous les problèmes*, pour l'humanité, — celui qui fait le fond de tous les autres, et nous intéresse plus profondément que tous les autres — consiste à déterminer la situation que l'homme occupe dans la nature et ses rapports avec l'ensemble des choses. D'où vient notre race, quelles sont les limites de notre pouvoir sur la nature et du pouvoir de la nature sur nous, vers quelle fin tendons-nous : tels sont les problèmes qui reviennent, sans diminuer d'intérêt, s'offrir sans cesse à tous les hommes. »

Thomas HUXLEY

Arguments pour établir la place de l'homme dans la nature, 1863.

PRÉFACE

Au commencement d'avril 1905, je reçus de Berlin une invitation qui me surprit : on me demandait d'aller faire là-bas, dans la salle de la Singakademie, à une date assez rapprochée, une conférence populaire et scientifique. Je déclinai d'abord cette proposition, en remerciant de l'honneur qu'on me faisait, mais en invoquant les raisons que j'avais données, dans une circulaire imprimée à de nombreux exemplaires le 17 juillet 1901, à savoir « que je ne ferais plus aucune conférence publique, tant à cause de ma santé et de mon âge avancé, qu'à cause des travaux pressants qui me réclamaient encore. »

Cette résolution était définitive, et il n'a fallu rien moins, pour m'y faire manquer, m'y faire faire une *dernière* exception, que les lettres pressantes de plusieurs amis de Berlin auxquels je suis particulièrement attaché ; ils me représentaient toute l'importance qu'il y avait, à l'heure actuelle plus que jamais, à ce que je vinsse exposer personnellement, devant un auditoire instruit, les principes fondamentaux de l'Evolutionnisme que je défends depuis quarante ans. On insistait surtoutsur le fait que les progrès de la réaction dans les milieux dirigeants, l'inso lence croissante d'une orthodoxie intolérante, la prédominance du papisme ultramontain et les dangers qui menaçaient à sa suite la liberté de penser allemande, l'Université et l'Ecole, — exigeaient des moyens de défense énergiques. Par hasard j'avais justement suivi, dans les derniers temps, les tentatives intéressantes que l'église orthodoxe venait de faire pour conclure avec son ennemie mortelle, la science moniste, un compromis pacifique; elle s'était même résolue à adopter jusqu'à un certain point, (bien qu'en la falsifiant et la mutilant), notre doctrine moderne de l'évolution que depuis trente ans elle combattait violemment — et elle tentait de la réconcilier avec ses dogmes. Ce changement frappant d'attitude de la part de l'église militante me parut, d'une part, si curieux et si important, mais de l'autre si dangereux, si bien fait pour égarer les esprits que je me ravisai et résolus d'en faire l'objet d'une conférence publique et d'accepter l'invitation qu'on me faisait à Berlin.

Pendant que je rédigeais rapidement le texte de la conférence promise, on me fit savoir de Berlin que le nombre des auditeurs qui s'étaient annoncés était tel que je serais obligé, soit de me répéter dans une deuxième séance, soit de diviser mon sujet et de lui consacrer deux conférences. J'optai pour ce dernier parti, d'autant plus que mon plan s'était trouvé trop étendu. Sur les instances pressantes du public, je dus refaire les deux conférences (les 17 et 18 avril) et comme de nouvelles demandes continuaient à affluer, réclamant de nouvelles conférences, je finis par me laisser entraîner à faire le 19 avril une « Conférence d'adieu », dans laquelle j'élucidai divers points importants, insuffisamment expliqués jusque-là.

La nature m'a refusé le beau don de l'éloquence impressionante; bien que j'enseigne déjà à la petite université d'Iéna depuis 88 semestres, je n'ai jamais pu, lorsque je parais en public, surmonter une certaine crainte et jamais non plus je n'ai pu acquérir l'art d'exprimer les pensées qui m'agitent par des paroles enflammées, ni avec l'aide de gestes qui leur donnent la vie. Pour ces motifs et pour d'autres encore, je ne me suis laissé convaincre que rarement de prendre part aux réunions de Naturalistes ou autres congrès ; les quelques discours que j'ai tenus dans des circonstances de ce genre — et qui sont publiés dans mes « Discours et Mémoires » — m'ont été arrachés par l'ardent intérêt que m'inspire la « Lutte pour la Vérité. » Dans les trois conférences que l'on va lire — mes *derniers* discours publics — je n'ai pas eu, plus que dans les autres, l'intention de gagner mes auditeurs à mes convictions par mon éloquence; mon but a été bien plutôt de leur présenter un exposé d'ensemble des grands *groupes de faits* biologiques de manière à ce qu'ils puissent se convaincre eux-mêmes, s'ils réfléchissent impartialement, de la vérité et de l'importance de la notion d'évolution.

Les lecteurs de ces trois conférences de Berlin, s'ils s'intéressent à la « Lutte soulevée par l'idée d'évolution » que j'y ai retracée, trouveront d'amples matériaux à l'appui de vues brièvement résumées ici, dans mes œuvres antérieures : tant dans l'*Histoire naturelle de la création* et l'*Anthropogénie* — que dans mes œuvres de philosophie populaire : les *Enigmes de l'Univers* et *les Merveilles de la vie*. Je ne fais pas partie du groupe aimable et choyé des « Hommes à compromis », j'ai au contraire l'habitude d'exprimer les convictions que j'ai acquises au prix d'un demi-siècle d'études sérieuses et pénibles, loyalement et sans réticence. Si j'apparais en conséquence tel qu'un *lutteur* sans merci, on devra songer que « la guerre est mère de toutes choses » et que le triomphe de la raison pure sur la superstition dominatrice ne peut s'effectuer qu'au prix du combat le plus acharné. Celui que je livre n'a d'ailleurs toujours en vue que la bonne *cause ;* la *personne* de mes adversaires, — qui de leur côté m'attaquent et me calomnient grossièrement en tant qu'individu, — m'est indifférente.

Bien que j'aie passé plusieurs années à Berlin lorsque j'étais étudiant et au début de mon professorat, et que je sois toujours resté en contact avec les milieux scientifiques de la capitale, je n'avais eu qu'*une fois* l'occasion d'y faire une conférence publique, sur « La division du travail dans la nature et dans la vie humaine » (le 17 décembre 1868, dans la salle de l'Association des Artisans). J'ai donc éprouvé une certaine satisfaction lorsque ces jours-ci, — après trente-six ans — il m'a été donné de parler une fois encore, et pour la dernière fois, en cette même salle de la Singakademie, où j'étais venu écouter comme étudiant, il y a cinquante ans, les maîtres célèbres de l'Université de Berlin.

Ce m'est enfin un devoir agréable à remplir que

celui d'exprimer mes *remerciements sincères* à ceux qui m'ont fourni l'occasion de faire ces conférences et qui se sont efforcés de me rendre aussi plaisant que possible le séjour dans la capitale — et je ne suis pas moins reconnaissant aux nombreux auditeurs qui ont bien voulu accorder à mes discours leur sympathique attention et leur approbation.

Iéna, le 9 mai 1905.

ERNEST HAECKEL.

RELIGION ET ÉVOLUTION

I

Première Conférence de Berlin.

14 Avril 1905.

LA LUTTE SOULEVÉE PAR L'IDÉE DE LA CRÉATION. — THÉORIE DE LA DESCENDANCE ET DOGME DE L'ÉGLISE.

> « L'histoire de la théorie de la descendance n'est pas seulement l'histoire de la *Réforme opérée par les sciences naturelles,* c'est en même temps un fragment de l'*histoire de la civilisation* humaine, au sens le plus large du mot. — Par la théorie de la descendance, l'Église s'est vue menacée dans sa puissance. Car tous ces beaux contes et toutes ces belles légendes qui, comme les rejetons du lierre ou les pampres de la vigne, se cramponnaient avec leur splendeur luxuriante aux murailles grises de vétusté que leur offrait le récit mosaïque de la création : tous ces thèmes d'une *croyance* enfantine ont été *reniés par la science.* C'est pourquoi le mot d'ordre de l'Église est, depuis 1859 : « Guerre à cette doctrine ! » Pour la science, le débat est depuis longtemps tranché ; la descendance est un *fait,* au sujet duquel aucun naturaliste compétent n'exprime plus de doute. »
>
> ARNOLD DODEL, 1895.
>
> (« Moïse ou Darwin ? » Problème pédagogique).

MESDAMES ET MESSIEURS,

Le grand combat livré autour de la *notion d'évolution* nous apparaît comme une des caractéristiques essentiellement importantes de la vie intellectuelle au cours du siècle qui vient de s'écouler. Sans doute, depuis plusieurs milliers d'années, des penseurs éminents et isolés parlaient du développement naturel de toutes choses ; déjà même ils avaient recherché en partie les lois qui régissent le devenir et la disparition du monde, l'apparition de la terre et de ses habitants ; il n'est pas jusqu'aux poëmes sur la création, jusqu'aux mythes des anciennes religions où l'on ne démêle quelque chose de ces conceptions génétiques. Mais l'idée d'évolution n'a trouvé qu'au cours du XIXe siècle une forme précise et une légitimation scientifique fournie par diverses branches de la connaissance, — et ce n'est que dans le dernier tiers du siècle que cette idée a été universellement admise. Les liens étroits que la preuve de la solidarité dans le développement historique a établis, entre les diverses branches de la science, leur unification par la philosophie moniste : tout cela est même une conquête qui ne remonte pas au-delà de quelques dizaines d'années.

La grande majorité des conceptions primitives que l'homme réfléchi s'est faites du devenir et de l'essence du monde, ainsi que de son propre organisme, sont encore bien éloignées de l'idée d'*autodéveloppement*. Ces conceptions ont, au contraire, abouti à des *mythes* plus ou moins obscurs, relatifs à la *création* et dans lesquels prédominait la croyance à un créateur personnel. De même que l'homme fabrique ses armes et les ustensiles dont il a besoin, qu'il construit des maisons et des barques avec intelligence et selon un plan, — de même, le Créateur devait avoir fait surgir le monde et ses habitants, grâce à son ingéniosité et à sa raison, conformément à un plan précis. Parmi les nombreux mythes qui tendent à implanter ces vues, le récit mosaïque de la création, tiré en grande partie par les sémites des sources babyloniennes et appuyé par l'autorité universelle de la Bible, — a exercé sur l'Europe civilisée la plus grande influence. C'est une conséquence naturelle de ces doctrines religieuses que la croyance au miracle, qui s'y rattache étroitement, soit apparue de bonne heure et se soit opposée à l'idée d'évolution, telle que l'entend la philosophie, dans sa recherche indépendante : d'une part, dans le dogme religieux triomphant, le monde surnaturel, le miracle, la téléologie — de l'autre, dans la théorie évolutionniste qui s'efforce de naître, rien que la loi naturelle, la raison pure, la causalité mécanique. A mesure que cette théorie a gagné, dans les derniers temps, en valeur et en importance, elle a dû se poser en adversaire de la première (1).

Si nous jetons un regard rapide sur les divers *domaines* dans lesquels l'idée d'évolution a été scientifiquement appliquée, nous constaterons que c'est d'abord le Cosmos tout entier qu'on a envisagé dans son unité, puis est venu le tour de la terre, troisièmement enfin, celui de la vie organique sur cette terre puis on est passé à l'homme qui en est le plus haut produit, et cinquièmement à l'âme, être immatériel de nature spéciale. Les études évolutionnistes, considérées historiquement, se développent donc dans l'ordre suivant : études cosmologiques, géologiques, biologiques, anthropologiques et psychologiques.

La première vaste théorie évolutionniste, dans le

domaine *cosmologique*, a été posée en 1755, par notre célèbre philosophe critique, *Emmanuel Kant*, dans sa belle œuvre de jeunesse intitulée : *Histoire naturelle du monde et théorie du Ciel*, ou Essai sur la composition et l'origine *mécanique* du Cosmos, d'après les principes *newtoniens*. Cette œuvre remarquable parut anonyme, elle était dédiée à Frédéric le Grand, mais elle ne parvint jamais à sa connaissance ; elle fut d'ailleurs peu remarquée, bientôt complètement oubliée, jusqu'à ce que, quatre-vingt-dix ans plus tard, *Alexandre de Humboldt*, la tirât de cet oubli. Remarquez bien que, dans le titre, l'auteur insiste sur l'origine *mécanique* du monde et les principes newtoniens de son explication, c'est-à-dire que le caractère rigoureusement *moniste* de la cosmogonie tout entière et la valeur absolue des lois de la nature sont clairement exprimés. Sans doute, *Kant*, dans ce livre, parle beaucoup de Dieu, de sa sagesse et de sa toute-puissance ; mais cette dernière se borne, au fond, à ceci, que Dieu a créé une fois pour toutes les lois fixes et invariables de la nature et qu'actuellement, lié par elles, il n'exerce son action universelle que par l'entremise de ces lois par lui créées. Le dualisme, qui apparaîtra plus tard d'une manière si caractéristique chez le philosophe de Kœnigsberg, ne joue encore ici qu'un rôle insignifiant.

Quarante ans plus tard, l'explication naturelle du développement cosmique apparaît, plus claire et plus conséquente, rigoureusement fondée, en outre, sur les mathématiques, dans l'œuvre admirable qu'est la *Mécanique Céleste* de *Pierre Laplace ;* son livre populaire, l'*Exposition du système du monde* (1796) ébranla jusque dans leur base les mythes universellement admis au sujet de la création — en particulier la version mosaïque de la Bible. Aussi, lorsque Napoléon Ier demandait à *Laplace*, son ministre de l'intérieur, fait par lui comte et président du Sénat : « Où donc, dans votre système, reste-t-il place pour Dieu ? », son interlocuteur se montrait-il franc et conséquent avec lui-même en répondant simplement : « Sire, je n'ai pas besoin de cette hypothèse que rien ne justifie. » (Comme il y a parfois d'étranges ministres !) (2). La clairvoyance de l'Eglise catholique eut naturellement bientôt fait de reconnaître que cette théorie moniste du développement cosmique, désormais partout admise, détrônait le créateur personnel et détruisait le mythe de la création ; mais elle se comporta, au contraire, comme elle avait fait deux ans plus tôt vis-à-vis de l'invincible système de *Copernic*, étroitement lié aux doctrines du jour ; elle chercha autant que possible à taire la vérité, ou à la combattre avec les méthodes jésuitiques connues, et enfin à se tenir prête. Si, de nos jours, l'Eglise souveraine tolère en silence le système de Copernic et la Cosmogonie de Laplace, si elle ne les combat plus, c'est en partie parce qu'elle a le sentiment de son impuissance intellectuelle, en partie parce qu'elle présume avec raison que les masses stupides ne réfléchissent guère sur de si graves sujets.

Pour se faire une idée nette et une opinion arrêtée au sujet de ce développement cosmique suivant les lois naturelles, au sujet de « l'apparition et de la disparition, » de millions de soleils et d'étoiles, il est nécessaire de posséder non seulement certaines connaissances astronomiques et physiques, mais encore d'être rompu aux mathématiques et d'avoir l'imagination vive. La loi d'évolution nous apparait bien plus simple, bien plus facile à saisir dans la *géologie*. Car toute averse, toute agitation de la mer, la moindre irruption volcanique, la moindre pierre éboulée nous convainquent déjà immédiatement des modifications qui se produisent sans cesse à la surface de la terre.

Mais la portée historique de ces modifications n'a été bien entrevue qu'en 1822, par *Charles de Hoff*, à Gotha et c'est seulement en 1830 que le grand géologue anglais, *Charles Lyell*, a posé les bases de la géologie moderne, laquelle explique par des causes naturelles la production et la constitution de l'écorce terrestre, la formation des montagnes et les périodes qu'a traversées la terre — montrant ces phénomènes dans leur solidarité constante (3). L'immense épaisseur des couches de terrain qui renfermaient les restes pétrifiés d'organismes disparus, a révélé la durée inouïe, longue de plusieurs millions d'années, des périodes pendant lesquelles ces terrains de sédiment ont été déposés par les eaux. Mais, à elle seule, la durée de la période organique de l'histoire de la terre, c'est-à-dire la longueur du temps pendant lequel les êtres vivants, animaux et plantes, se sont développés à la surface de la terre, doit être évaluée à plus de cent millions d'années. Ces données géologiques et paléontologiques ont détruit la légende courante au sujet de l'œuvre des six jours, accomplie par un Créateur personnel. Néanmoins de nombreuses tentatives ont été faites et se poursuivent aujourd'hui encore, pour concilier le récit de Moïse sur la création surnaturelle, avec la géologie moderne (surtout en Angleterre) (4). Mais sur ce point encore, tous les efforts de l'Eglise ont échoué. Remarquons en passant que l'étude de la géologie, les réflexions qu'elle fait naître au sujet de la durée énorme des périodes du développement cosmique, l'accoutumance aux simples causes mécaniques qui le modifient sans cesse, tout cela est de la plus haute importance pour le progrès des lumières. Cependant (ou peut-être à cause même de cela?) aujourd'hui encore, dans la plupart des écoles, l'enseignement de la géologie est négligé, sinon complètement absent. Il n'en est pas moins particulièrement propre (rattaché à la géographie), à élargir le cercle de la culture générale et à familiariser l'enfant, de bonne heure, avec l'idée d'évolution. Un homme cultivé, qui connaît les éléments de la géologie, n'éprouvera jamais d'ennui, car il trouvera partout, dans la nature qui l'environne, dans la pierre aussi bien que dans l'eau, dans la plaine aride aussi bien que dans la montagne, des objets instructifs qui le conduiront à réfléchir (5).

Le processus de l'évolution est plus difficilement abordable dans la nature *organique*. Mais ici il faut distinguer, dans le développement biologique, deux séries différentes de phénomènes, entre lesquelles seule la loi fondamentale biogénétique formulée par nous (1866) établit un étroit rapport causal : la plus ancienne est l'ontogénie, la plus jeune, la phylogénie. Il y a quarante ans encore, on entendait par « Histoire du développement » l'embryologie exclusivement, c'est-à-dire un chapitre seulement de cette science ; on examinait au microscope les processus merveilleux par lesquels, de la simple semence des plantes, ou de l'œuf de l'oiseau sort la structure compliquée de la plante ou de l'animal entièrement développés. Jusqu'au début du dix-neuvième siècle a régné une opinion erronée suivant laquelle ces êtres, d'une merveilleuse complexité, existeraient déjà, préformés, dans l'œuf, chacun des nombreux organes n'ayant plus qu'à croître et à prendre en se « développant » (evolutio) sa forme individuelle, pour entrer en fonction. En vain, un naturaliste allemand de génie *G. F. Wolff,* (le fils d'un tailleur de Berlin), avait-il montré, dès 1759 ce qu'avait d'erroné cette « théorie de la préformation ». Il avait fait voir, dans sa thèse de doctorat, que l'œuf de poule (dont on se sert le plus souvent et qui offre le plus de facilité pour ces recherches), ne présente au début, aucune trace de ce que sera plus tard le corps de l'oiseau, de ses os ou de ses muscles, de ses nerfs ou de ses plumes, mais au lieu de tout cela un petit disque rond formé seulement de deux minces feuillets superposés. *Wolff* avait, en outre, montré que ces éléments très simples engendrent peu à peu les divers organes et qu'on peut suivre pas à pas la série de ces réelles néoformations. Mais ces découvertes si importantes et la « théorie de l'épigénèse » qu'elles étayaient et dont la vérité était tirée de la nature demeurèrent cinquante ans méconnues et furent repoussées par les autorités. C'est seulement après qu'*Oken*, d'Iéna (1806), eût à son tour constaté ces faits importants, que *Pander* eût examiné de plus près les feuillets germinatifs, et qu'enfin *Ch. E. von Baer* dans son ouvrage classique sur l'embryologie animale eût allié « l'observation à la réflexion », — que l'embryologie parvint au rang de science distincte et solidement fondée empiriquement.

Elle obtint peu après, en botanique, une légitime consécration, dûe surtout à *M. Schleiden*, d'Iéna, ce naturaliste ingénieux qui, en fondant la *Théorie cellulaire* (1838), donna à la biologie tout entière une base nouvelle. Mais c'est seulement vers le milieu du dix-neuvième siècle qu'on en vint graduellement à reconnaître ce fait important que l'œuf des plantes et des animaux n'est autre chose, lui aussi, qu'une simple *cellule*, et que cet « organisme élémentaire » est la source d'où sortent peu à peu, par épigénèse, après de nombreuses subdivisions des cellules, après une division du travail poussée très avant, les tissus et les organes ultérieurs. Un dernier pas, le plus important, conduisit à la conviction qu'en vertu des mêmes lois, notre organisme humain, lui aussi, provient de l'ovule (que *Baer* n'avait découvert qu'en 1827), — et que son mode particulier de développement embryologique est le même que celui des autres mammifères, en particulier des singes. Chacun de nous, au commencement de son existence individuelle, était une simple sphère de plasma, d'un quart mm de diamètre, enfermée dans une enveloppe et contenant au centre un noyau solide ; c'est là tout. Grâce à ces importantes découvertes embryologiques, les hypothèses relatives à la nature de l'organisme humain, auxquelles l'anatomie comparée avait depuis longtemps conduit, se trouvèrent confirmées : on acquit la conviction que le corps humain est construit absolument comme celui de tous les autres mammifères et qu'il provient, de la même manière, de la simple cellule œuf. D'ailleurs, dans son œuvre capitale, le « système de la nature » (1735), *Linné* avait déjà assigné à l'homme sa place dans la classe des mammifères.

A l'inverse de ces faits embryologiques, qu'on peut observer immédiatement, les données de la *phylogénie*, qui seuls fournissent la véritable explication des précédents, échappent en grande partie à notre observation directe. Comment sont apparues, au début, les innombrables *espèces* d'animaux et de plantes? Comment peut-on s'expliquer les merveilleux rapports de parenté qui relient les espèces voisines en genres, ceux-ci en classes? *Linné* se contente encore de résoudre cette question par le *miracle de la création*, s'appuyant sur le dogme courant de la tradition mosaïque : « Il y a autant d'espèces différentes d'animaux et de plantes, que Dieu, à l'origine, à créé de types différents. » La première réponse scientifique est due au grand naturaliste français *Lamarck* (1809); dans sa profonde *Philosophie zoologique*, il enseignait que les ressemblances de forme et de structure entre les groupes d'espèces proviennent d'une parenté d'origine et que la totalité des êtres organisés descendent d'un petit nombre de formes primitives extrêmement simples (peut-être même d'une seule); ces formes primitives seraient issues, par génération spontanée, de la substance inorganique. Les ressemblances entre espèces voisines s'expliqueraient par l'*hérédité*, certaines formes ancestrales ayant été communes, — les dissemblances, par l'*adaptation* à des conditions de vie différentes et par l'activité variée des organes particuliers susceptibles de transformation.

L'espèce humaine, elle aussi, se serait produite de cette manière : par la transformation d'une série d'ancêtres mammifères, en particulier de primates de l'espèce simiesque.

Ces vues géniales de *Lamarck*, qui nous rendent compréhensible le domaine tout entier des merveilles de la vie organique et dont le plus grand de nos poètes et de nos penseurs, *Gœthe*, s'est beaucoup rapproché dans ses recherches personnelles — ont permis d'établir la théorie fondamendale que nous appelons aujourd'hui théorie de la descendance, ou encore *transformisme*. Mais le perspicace *Lamarck* — comme cinquante ans auparavant *G. F. Wolff* — était venu un demi-siècle trop tôt; sa théorie ne fit aucune impression et fut bientôt complètement oubliée.

Elle ne fut ramenée au jour qu'en 1859, par le génial *Charles Darwin* qui, lui-même, était né l'année où paraissait la *Philosophie zoologique*. Le contenu de ses doctrines et le succès de ce que nous appelons depuis quarante-six ans le *darwinisme* (au sens large du mot), sont choses si universellement connues que nous n'avons pas besoin d'y insister davantage. Nous voudrions seulement faire remarquer que l'immense succès de ces œuvres de *Darwin*, qui font époque, tient à deux raisons différentes : la première c'est que le naturaliste anglais a mis à profit, dans la plus ingénieuse des combinaisons, un trésor inouï de matériaux empiriques, accumulés depuis cinquante ans et qui lui a fourni une démonstration en règle de la théorie de la descendance; la seconde, c'est qu'il a complété cette théorie par une autre, à lui propre, la théorie de la sélection naturelle. Cette *théorie de la sélection*, qui fournit de la transformation de l'espèce une explication causale, est à proprement parler la seule qu'au sens rigoureux on devrait appeler « darwinisme. » Dans quelle mesure cette théorie est-elle justifiée, dans quelle mesure convient-il de la modifier par des théories plus nouvelles, telles que la théorie du plasma germinatif de *Weismann* (1884), celle de la mutation de *De Vries* (1900)? ce sont là des questions sur lesquelles nous ne pouvons pas nous étendre aujourd'hui. Ce qui nous intéresse bien davantage, c'est l'influence sans exemple que le darwinisme et son application à l'homme ont exercée depuis quarante ans dans toutes les branches du savoir humain ; puis l'opposition dans laquelle cette théorie devait forcément se trouver vis-à-vis des dogmes de l'Eglise.

De toutes les conséquences qu'entraînait la théorie de la descendance, la plus intéressante et la plus grave était celle qui résultait de l'application anthropologique de la doctrine. Puisque tous les autres organismes s'étaient produits sans miracle, puisqu'ils étaient issus par des procédés naturels, de formes vivantes antérieures au moyen de transformations, il fallait nécessairement que la race humaine, elle aussi, provînt par transformation, des mammifères les plus analogues à l'homme, des « Primates » de Linné : singes et demi-singes. Cette conséquence naturelle, que déjà *Lamarck* avait tirée en toute simplicité, sans chercher à la dissimuler, que *Darwin*, au contraire, avait d'abord supprimée intentionnellement, fut exposée tout au long par un zoologiste anglais de génie, *Thomas Huxley* (1863) dans ses trois conférences sur « La place de l'homme dans la nature ».

Il montra comment cette « question importante entre toutes les questions » trouvait sa réponse nette dans un triple et important « témoignage » : dans l'histoire naturelle des singes anthropoïdes, dans les relations anatomiques et embryologiques qui unissent l'homme aux animaux immédiatement inférieurs, dans les débris de fossiles humains, récemment découverts. *Darwin* exprima huit ans plus tard son adhésion aux vues de son ami *Huxley* et, dans son ouvrage en deux volumes, sur *La descendance de l'homme et la sélection sexuelle* (1871), il donna une nouvelle série de preuves à l'appui du fait si redouté, que « l'homme descend du singe ». Je repris moi-même (1874) l'essai tenté dès 1866 pour reconstituer hypothétiquement et approximativement, à l'aide de l'anatomie comparée et de l'ontogénie, sans négliger la paléontologie, la série entière des animaux disparus qui figurent les ancêtres de l'homme. Cet essai, grâce aux progrès de nos connaissances, a subi des améliorations dans les cinq éditions de mon *Anthropogénie*. Au cours de ces vingt dernières années une riche littérature a paru sur ce sujet : parmi tant d'ouvrages, les écrits populaires et très répandus de mes amis *E. Krause* (Carus Sterne) : *Devenir et disparaître*, et *G. Bolsche*, *Création de l'homme*, *Vie amoureuse de la nature*, etc., se distinguent par la beauté de la forme et la clarté de l'argumentation. Je crois pouvoir supposer le contenu de ces livres en grande partie connu, j'aborde donc tout de suite la solution de la question qui, aujourd'hui nous intéresse particulièrement, à savoir : quelle forme a pris en ces derniers temps l'antagonisme inévitable entre ces importantes conquêtes de la science moderne, d'une part et les dogmes de l'Eglise, de l'autre?

Il était évident que la théorie de la descendance, en général, aussi bien que son application à l'homme en particulier, provoqueraient aussitôt la résistance ouverte de l'*Eglise,* surtout des églises judaïque et chrétienne, car la théorie et son application sont en contradiction flagrante avec le récit mosaïque de la création et avec les autres dogmes de la Bible qui s'y rattachent et qui forment, aujourd'hui encore, la base première de l'enseignement dans presque toutes les écoles. Si donc les théologiens et leurs intimes alliés les métaphysiciens ont, dès le début, rejeté le darwinisme et s'ils ont énergiquement combattu, par de nombreux écrits, sa conséquence la plus grave, la « parenté de l'homme et du singe », — nous ne pouvons voir là qu'une preuve de clairvoyance. La résistance put prendre une attitude d'autant plus autorisée et sûre du triomphe que, durant les sept ou huit premières années qui suivirent l'apparition de *Darwin,* même dans les milieux directement intéressés, parmi les biologistes, la doctrine nouvelle ne rencontra presque partout qu'une attitude froide et sceptique, tandis que les adhésions étaient rares. J'en peux parler mieux qu'un autre par expérience; car lorsqu'en 1863, au Congrès des naturalistes de Stettin, j'exposai pour la première fois en public la « théorie de Darwin sur l'évolution », je me trouvai tout à fait isolé et la grande majorité regretta que j'eusse voulu défendre sérieusement une doctrine aussi fantaisiste, le « Songe d'un somme fait l'après-midi », comme disait avec pitié *Keferstein,* le zoologiste de Gottingen.

La conception générale de la nature était alors, il y a

de cela cinquante ans, si différente des vues qui prévalent aujourd'hui qu'il est difficile d'en donner une idée nette à un jeune naturaliste philosophe. Le grand *problème de la création*, la question de savoir comment les diverses espèces animales et végétales sont apparues, d'où l'homme provient, n'existaient pas pour la science exacte ; il n'en était pas question.

Alexandre de Humboldt fit, ici même, il y a de cela soixante-dix-sept ans, une série de conférences dont devait sortir son livre célèbre : « Cosmos, principes de la description physique du monde ». Lorsqu'il effleura en passant l'obscur problème de l'apparition des êtres organiques sur notre planète, il se contenta de cette remarque résignée : « Ce n'est pas dans le domaine empirique de l'observation objective, dans la description du *devenu*, que doivent rentrer les problèmes mystérieux et non résolus encore du *devenir* » (t. I, p. 367). Il est curieux de constater que *Jean Müller* le plus grand biologiste allemand du XIXe siècle, déclare encore en 1852, dans sa brochure célèbre sur « la production des gastéropodes à l'intérieur du corps des Holothuries » : « L'apparition d'espèces animales diverses est incontestable, c'est même un fait confirmé par la paléontologie, mais il reste *surnaturel* tant que cette apparition ne se laisse pas ramener à des actes du devenir et qu'elle ne saurait faire l'objet d'une observation. » J'ai eu moi-même, pendant l'été de 1854, plusieurs entretiens remarquables avec *Jean Müller*, celui de tous mes maîtres célèbres dont je fais le plus de cas. Ses conférences de physiologie et d'anatomie comparée — les plus brillantes et les plus suggestives que j'aie jamais entendues — m'avaient à ce point passionné, que je sollicitai et obtins du maître la permission d'étudier de plus près et de dessiner les squelettes et autres préparations qui se trouvaient dans son grand musée d'anatomie comparée (situé alors dans l'aile droite des bâtiments de l'Université de Berlin). *Müller* (alors âgé de cinquante-quatre ans), avait l'habitude de passer l'après-midi du dimanche seul dans son muséum; il allait et venait pendant des heures, dans les vastes salles, les bras croisés derrière le dos, plongé dans des considérations relatives à la parenté mystérieuse des vertébrés, à cette « sainte énigme » que prêchaient si impérieusement les squelettes rapprochés les uns des autres. De temps en temps, cependant, le grand maître se tournait de côté, vers la petite table à laquelle était assis dans un coin de fenêtre l'étudiant de vingt ans, en train de dessiner consciencieusement des crânes de mammifères, de reptiles, d'amphibies et de poissons.

Je me risquais alors à lui demander l'explication de relations anatomiques particulièrement compliquées et je hasardai un jour timidement, cette question : « Est-ce que tous ces vertébrés, dont le squelette interne est le même en dépit des différences extérieures, ne proviendraient pas, originellement, d'une même forme ancestrale? » Le maître secoua, d'un air songeur, sa tête pleine de pensées et me répondit : « Voilà, si nous savions cela! Si vous pouviez un jour résoudre cette énigme, vous auriez alors atteint le but suprême! » Quelques mois plus tard, en septembre 1854, j'eus la faveur d'accompagner *Müller* à Helgoland et j'appris à connaître, grâce à lui, les merveilleuses splendeurs du monde marin ; tandis qu'assis dans le bateau, nous pêchions ensemble et prenions de belles méduses, je lui demandai comment on devait expliquer la merveilleuse alternance de leurs générations? Si les méduses, dont les œufs aujourd'hui encore, donnent journellement naissance à des polypes, ne proviendraient pas, à l'origine de la forme plus simplement organisée qu'est le polype? — Cette question téméraire, elle encore, ne me valut qu'une réponse résignée : « Voilà, nous sommes là en présence d'une pure énigme ! De l'origine des espèces nous ne savons absolument rien ! »

Jean Müller était, sans contredit, un des plus grands naturalistes du dix-neuvième siècle, il prenait rang à côté de *Cuvier* et de *Baer*, de *Lamarck* et de *Darwin*. La profondeur de son investigation pénétrante allait de pair avec la largeur de son jugement philosophique et l'étendue incroyable des connaissances qu'il possédait en biologie. *E. du Bois-Reymond*, dans le beau discours qu'il prononça en mémoire de Müller, le compara très justement à Alexandre le Grand, dont l'empire se morcela à sa mort en de nombreux royaumes indépendants. Dans ses cours et dans ses œuvres, *Müller* n'aborda pas moins de quatre sciences distinctes, pour lesquelles, après sa mort (1858), autant de chaires furent fondées : l'anatomie humaine, la physiologie, l'anatomie pathologique et l'anatomie comparée; deux branches importantes d'études étaient même adjointes aux précédentes : la zoologie et l'embryologie. Car, même en ce qui concerne ces branches de la biologie nous avons appris plus par les classiques leçons de

Müller que par les conférences officielles des spécialistes chargés de cet enseignement. Le maître mourut en 1858, quelques mois avant que *Ch. Darwin* et *A. Wallace* ne publient dans le journal de la Société Linné, à Londres, les premières communications relatives à leur nouvelle théorie de la sélection. Je ne doute pas le moins du monde que cette étonnante solution de l'obscure énigme de la création n'eût profondément impressionné *Müller* et ne l'eût amené, après de mûres réflexions, à une complète adhésion.

A l'exemple de ce grand maître de la biologie, tous les autres anatomistes, physiologistes, zoologistes et botanistes considéraient, jusqu'en 1858, la question de la création organique comme un problème non encore résolu; la grande majorité le tenaient même pour insoluble et transcendant. Triomphants, les théologiens et leurs alliés, les métaphysiciens, s'appuyaient sur ce fait; car il mettait nettement en lumière l'insuffisance de la raison et de la science; seul un *miracle* pouvait avoir fait surgir ces organismes dont la construction révélait un plan; seul, dans sa sagesse et sa toute-puissance, *Dieu* pouvait avoir créé l'homme « à son image! » Cette résignation générale de la raison et le triomphe du dogme surnaturel, qui tirait d'elle sa force, semblent, pendant les trente années qui séparent *Lyell* de *Darwin*, entre 1830 et 1859, choses d'autant plus paradoxales que l'histoire naturelle de l'évolution de la terre, telle que l'avait exposée le grand géologue anglais, avait bientôt recueilli l'adhésion générale. A partir de lui, dans toute la nature inorganique, dans la formation des montagnes comme dans la révolution des astres, on n'admit plus que la rigoureuse nécessité de la *loi naturelle*; par contre, dans toute la nature organique, dans la création et l'existence des animaux et des plantes, on faisait intervenir la sagesse et la toute-puissance du *créateur*, construisant et régissant d'après un plan; en un mot : dans l'abiotique, dans le monde inorganique, tout était produit par la causalité mécanique, — dans la biologie, dans la nature organique, par la finalité téléologique.

La philosophie proprement dite ne s'inquiétait pour ainsi dire pas de ce dilemme. Presque exclusivement préoccupée de spéculations métaphysiques et dialectiques, elle regardait les progrès immenses accomplis dans l'intervalle par les sciences naturelles, avec un souverain mépris, ou du moins avec indifférence. En tant que pure science de l'esprit, la philosophie pensait pouvoir faire sortir le monde du cerveau humain et n'avoir pas besoin des matériaux variés, péniblement acquis par l'expérience et l'observation. C'était surtout le cas en Allemagne, où le système de l' « idéalisme absolu », représenté par F. Hegel, jouissait à Berlin de la plus haute considération, depuis, surtout, qu'il était devenu obligatoire à titre de « philosophie d'état du royaume de Prusse » — faveur due sans doute à ce que, selon *Hegel*, « la volonté divine elle-même est présente dans l'Etat et la constitution monarchique, seule, incarne le développement de la raison ; toutes les autres constitutions sont des étapes inférieures du développement de la raison ». On a loué hautement la métaphysique obstruse de *Hegel*, — (le monument qu'on lui a élevé derrière ce bâtiment même éternise le souvenir de la « raison absolue) » — parce qu'elle est précisément, un développement systématique de l'idée fondamentale de l'*évolution*. Mais cette soi-disant « évolution de la raison » planait fort au-dessus de la nature, dans le pur éther de l'esprit absolu, affranchie de tout le bagage matériel entassé, pendant ce temps, par l'histoire empirique du développement du cosmos, de la terre et des organismes qui la peuplent. Et d'ailleurs, on sait que *Hegel* lui-même a déclaré avec une douloureuse résignation, que parmi tous ses nombreux élèves *un seul* l'avait compris, qui l'avait mécompris (6).

Du point de vue plus élevé de l'histoire générale de la civilisation, une embarrassante question se pose : quelle valeur accordait-on à l'idée d'*évolution* dans l'ensemble de la science? La réponse ne peut être que celle-ci : infiniment variable! Les phénomènes du développement individuel, de l'ontogénie, se présentaient sous une forme palpable; le développement de l'écorce terrestre et de ses montagnes, en géologie, paraissait fondé empiriquement avec une égale certitude; le développement physique du cosmos semblait établi par la spéculation mathématique; dans tous ces grands domaines, il n'était plus sérieusement question d'une *création*, au sens propre du terme, d'une construction conforme à un plan et due à un créateur personnel. Mais on n'en défendait que plus énergiquement cette thèse sitôt qu'il était question de l'apparition des innombrables espèces animales et végétales et, en particulier, de la création de l'homme. Ce problème transcendental semblait totalement étranger au développement naturel, de même que la question de l'origine et de la nature de l'âme, substance mystique, dont la spéculation métaphysique revendiquait pour elle seule la connaissance. Dans cet obscur chaos de notions contradictoires, *Ch. Darwin*, en 1859, fit d'un coup la lumière; dans son livre qui fait époque : *De l'origine des espèces animales et végétales expliquée par la sélection naturelle*, il démontra d'une manière convaincante que ce phénomène historique n'était pas un mystère surnaturel, mais un processus physiologique et que la préservation des races les plus parfaites, dans la lutte pour la vie, avait produit, par un développement naturel, le monde des merveilles de la vie organique.

Aujourd'hui que la théorie de l'évolution est admise presque partout en biologie, que des milliers de travaux anatomiques et physiologiques viennent chaque année s'appuyer sur cette base solide, la jeune génération a peine à se représenter la résistance acharnée que rencontra tout de suite la doctrine de *Darwin*, et les luttes passionnées qui se livrèrent à son sujet. En première ligne, l'*Eglise* éleva contre ces théories une énergique protestation; elle entrevit avec raison dans le nouvel adversaire l'ennemi mortel du mythe admis au sujet de la création et elle comprit que, du même coup, les fondements du dogme de l'Eglise étaient particulièrement menacés. L'Eglise trouva bientôt une puissante alliée dans la métaphysique dualiste, qui, dans la plupart des Universités, aujourd'hui encore, élève la prétention de représenter la véritable philosophie « idéaliste ». Mais pour le jeune darwinisme, plus dangereuse encore apparut l'opposition violente qui, presque partout, s'éleva du propre camp de la science empirique. Car la théorie régnante de la *constance des espèces*, le dogme de la stabilité des diverses espèces et de leur création indépendante, étaient menacés d'une manière bien plus redoutable par la théorie de la descendance, de *Darwin* que par le transformisme de *Lamarck*; celui-ci, cinquante ans plus tôt, avait soutenu, pour l'essentiel la même thèse, mais faute d'arguments convaincants, il n'avait eu alors aucun succès. De nombreux naturalistes, et de très distingués parmi eux, se firent les adversaires de *Darwin*, soit parce qu'ils ne possédaient pas une vue d'ensemble suffisante de la biologie, soit parce que les spéculations hardies du novateur semblaient s'écarter beaucoup trop de la base incontestée de l'expérience.

Lorsque parut, en 1859, l'œuvre capitale de *Darwin* qui, comme un éclair, illumina le camp de la biologie classique, plongé dans les ténèbres, je me trouvais en Sicile, où j'étais parti pour un an faire un voyage de recherches, car je me livrais alors à une étude approfondie des *radiolaires*, extraordinaires et charmants animaux microscopiques, qui par la beauté et la diversité de leurs formes l'emportent sur tous les autres représentants des règnes animal et végétal. L'étude spéciale de cette merveilleuse classe d'animaux, dont je décrivis plus tard au delà de quatre mille espèces, et qui me coûta plus de dix ans de recherches, me fournit un des fondements les plus solides de ma conception darwiniste de la nature. Cependant, lorsqu'au printemps de 1860, je revins de Messine à Berlin, je ne savais encore rien de l'œuvre de *Darwin;* j'appris seulement, par mes amis de Berlin, qu'un livre extraordinaire, dû à un anglais un peu fou, produisait une vive sensation et que ce livre jetait par dessus bord toutes les théories jusqu'alors proposées au sujet de l'origine des espèces.

Je constatai bientôt que presque tous les savants berlinois s'accordaient à repousser le darwinisme ; à leur tête étaient le célèbre microscopiste *Ehrenberg* et l'anatomiste *Reichert*, le zoologiste *Peters* et le géologue *Beyrich*. Le brillant orateur de l'Académie de Berlin, *Emile du Bois-Reymond* hésitait ; il reconnaissait, d'une part, que la théorie de la descendance était la seule solution naturelle de l'énigme de la création ; d'autre part, il en regardait railleusement le développement comme un mauvais roman et pensait que les recherches philogénétiques sur la communauté d'origine des diverses espèces avaient à peu près la même valeur que les rêveries des philologues sur l'arbre généalogique des héros homériques. Isolé, l'excellent botaniste *Alex. Braun*, faisait exception par son adhésion entière et chaleureuse à la théorie de la descendance. C'est près de ce maître cher, pour qui j'avais le plus grand respect, que je trouvai une consolation et des encouragements, après que la première lecture de l'*œuvre de Darwin* m'eût profondément impressionné et, bientôt, complètement gagné au transformisme; je trouvais, en effet, dans la conception darwiniste de la nature, grandiose et unifiée, dans son argumentation convaincante en faveur de l'évolutionnisme, la solution de tous les doutes qui m'avaient assailli depuis le début de mes études biologiques.

Dans cette grande bataille des esprits, mon célèbre maître *R. Virchow* joua un rôle remarquable ; je l'avais connu en 1852 à Würzbourg et j'avais bientôt noué avec lui, comme élève particulier, puis comme assistant pénétré d'admiration, — les plus amicales relations. Je crois être du petit nombre de ces hommes qui, âgés aujourd'hui, ont suivi avec le plus vif intérêt, pendant un demi-siècle, l'évolution de *Virchow*, tant comme homme que comme naturaliste. Je distingue, dans sa métamorphose psychologique, trois périodes. Durant les dix premières années de son activité académique, passées en grande partie à Würzbourg, de 1847 à 1858, il travailla à réaliser cette réforme capitale de la médecine qu'il couronna par sa pathologie cellulaire. Pendant les vingt années suivantes (1858-1877), il s'occupa surtout de politique et d'anthropologie ; son attitude vis-à-vis du darwinisme avait été favorable au début, elle fut ensuite celle d'un sceptique et finalement celle d'un adversaire. C'est à partir de 1877 seulement, que *Virchow* devint l'ennemi plus déclaré et plus écouté de la théorie de la descendance, depuis le moment où, dans son discours célèbre sur « La liberté de la science dans l'état moderne », il attaqua cette liberté à sa base, dénonça la théorie de la descendance comme menaçant l'état et exigea qu'on la chassât de l'école. Cette curieuse métamorphose est, d'une part si importante et si grosse de conséquences, d'autre part elle a été si faussement interprétée que je dois me réserver d'en parler plus longuement après-demain, dans ma seconde conférence, d'autant plus qu'au premier plan du sujet nous trouverons un problème spécial : la parenté de l'homme et du singe. Je me contente donc aujourd'hui d'insister sur ce fait qu'ici même, à *Berlin*, dans la « Métropole de l'intelligence », la théorie moderne, aujourd'hui régnante de l'évolution s'est heurtée à une résistance plus obstinée que dans la plupart des autres centres de culture intellectuelle, et que cette résistance doit être attribuée en première ligne à la puissante autorité de *Virchow*.

Nous nous bornerons aujourd'hui à jeter un regard rapide sur le triomphe splendide que l'idée d'évolution a remporté au cours des trente dernières années du XIXe siècle. La violente opposition à laquelle le darwinisme s'était heurté presque partout, dans les premières années qui suivirent son apparition, se ralentit déjà moins de dix ans après. Entre 1866 et 1874 parurent de nombreux travaux dans lesquels, non seulement les fondements de la théorie de la descendance étaient plus solidement établis, mais qui contribuaient, en outre, par un exposé populaire, à répandre et établir le darwinisme dans le grand public. Après que j'eus fait moi-même, en 1866, dans ma « Morphologie générale », un premier essai d'exposition systématique de la théorie de l'évolution et tenté de faire de cette doctrine la base d'une philosophie moniste, les dix éditions de mon « Histoire de la Création Naturelle » exposèrent les idées fondamentales du darwinisme sous une forme accessible à tous. Dans mon « Anthropogénie » (1874), je me risquai le premier à faire l'application logique de la théorie de la descendance à l'homme et à établir hypothétiquement la série animale de ses ancêtres. L'esquisse d'un système naturel des organismes fondé sur l'histoire de leurs ancêtres fait le fond des trois volumes de ma « Phylogénie systématique » (1894-1896). La revue darwiniste, le « Cosmos » a apporté, depuis 1877, d'importantes contributions à la théorie de Darwin, qu'elle a recueillies dans toutes les branches de la science. Enfin, un grand nombre d'ouvrages populaires excellents ont contribué à répandre le transformisme dans le grand public.

Cependant, le progrès le plus important et le plus heureux qu'ait accompli la science a consisté en ce fait, qu'au cours de ces trente dernières années l'idée d'évolution a trouvé accès dans toutes les branches distinctes de la biologie et s'est fait reconnaître comme leur base indispensable. Des milliers de découvertes et d'observations nouvelles, faites dans toutes les branches de la botanique et de la zoologie, de la protistique et de l'anthropologie, sont devenues autant d'arguments à l'appui du transformisme, autant de données empiriques sur l'histoire des familles. C'est surtout le cas pour les progrès merveilleux de la paléontologie, de l'anatomie comparée et de l'ontogénie; mais cela vaut également de la physiologie, de la chorologie et de l'œcologie. Combien, grâce à tout cela, notre point de vue s'est élargi et notre conception moniste de la nature unifiée, c'est ce dont témoignent tous les manuels modernes de biologie ; si on les compare à ceux qui exprimaient, il y a quarante ou cinquante ans, la substance de nos connaissances relativement à la nature, on est forcé de reconnaître que le progrès est incroyablement grand. Les sciences anthropologiques un peu plus éloignées : l'ethnographie et la sociologie, l'éthique et la jurisprudence, elles aussi, contractent des liens toujours plus étroits avec la théorie de la descendance et ne peuvent plus se soustraire à son influence. En présence de ces faits, il n'y a que sottise et absurdité de la part des périodiques théologiques et métaphysiques à parler aujourd'hui encore de « l'effondrement de la théorie de l'évolution », ou du « lit de mort du darwinisme ».

Le plus grand triomphe qu'ait cependant remporté notre théorie de l'évolution, c'est qu'elle a forcé, au début du xxe siècle, sa plus puissante adversaire, l'Eglise, à s'adapter à elle et à faire la première tentative en vue d'établir la bonne harmonie entre le darwinisme et le dogme. Plusieurs essais timides avaient déjà été tentés en ces dix dernières années, par divers théologiens et philosophes libres-penseurs, mais sans beaucoup de succès. Cependant, le mérite d'avoir conduit à terme cette tentative hardie, d'avoir traité la question d'une manière large en faisant preuve de connaissances approfondies, revient à un jésuite, le *P. Erich Wasmann*, de Luxembourg. Cet entomologue pénétrant et érudit s'était déjà fait connaître avantageusement parmi les zoologistes par une série d'excellentes observations sur la vie des fourmis et des parasites qui élisent domicile dans leurs demeures, en particulier des petits coléoptères qui, précisément en s'adaptant à ces conditions spéciales de vie, subissent une transformation très curieuse ; il avait démontré que ces transformations frappantes ne s'expliquaient d'une manière plausible que si l'on admettait que ces parasites des fourmis provenaient d'autres espèces d'insectes, ayant mené une existence indépendante. Les articles épars, dans lesquels *Wasmann* expliquait ces phénomènes biologiques tout à fait dans le sens de Darwin, parurent d'abord (1901-1903) dans la revue catholique « Voix de Maria-Laach » ; ils sont aujourd'hui réunis en un volume intitulé : « La biologie moderne et la théorie de l'évolution » (publié à Fribourg en B. par l'éditeur ultramontain, Herder, en 1904).

Ce remarquable livre de *Wasmann* est un chef-d'œuvre de alsophistique et de l'art jésuitiques de la déformation ; il est composé de trois parties tout à fait différentes. Le premier tiers, sous forme d'introduction, est un exposé clair et intéressant de la biologie moderne, en particulier de la théorie cellulaire et de celle de l'évolution, à l'usage des catholiques instruits (chap. I à VIII). Le second tiers, le chapitre IX, est la partie la plus précieuse de l'ouvrage, il est intitulé : *Théorie de la stabilité ou Théorie de la descendance?* L'entomologue érudit nous donne ici un exposé intéressant des résultats de ses longues recherches sur la morphologie et l'œcologie des fourmis et de leurs parasites, les myrmécophiles ; ingénument et d'une manière convaincante, il démontre que tous ces phénomènes curieux et embrouillés ne sont explicables que par la théorie de la descendance ; il montre que l'ancienne doctrine de la stabilité et de la création distincte des diverses espèces est complètement inadmissible.

Ce chapitre IX, avec de légers changements, pourrait faire avantageusement partie d'une œuvre de *Darwin* ou de *Weismann*, ou de tout autre représentant du transformisme. Le chapitre suivant (le Xe), en même temps que le dernier tiers de l'ouvrage, forme avec le précédent, un violent contraste ; la théorie de la descendance y est appliquée à l'homme d'une manière presque absurde ; le lecteur en vient forcément à se demander si *Wasmann* adopte réellement le galimatias d'idées stupides qu'il expose, ou bien, si sa seule intention n'a pas été d'embrouiller complètement le lecteur et de l'acheminer par ce procédé à adopter le dogme le plus plat de l'Eglise.

Le livre de *Wasmann* a suscité une critique forte et approfondie de la part de divers naturalistes compétents, en particulier de *Escherich* et de *Francé;* en même temps qu'ils reconnaissent pleinement ses mérites réels, ils mettent en garde, avec insistance, contre les dangers graves dont la science biologique est menacée par l'insinuation chez elle de l'esprit de perfidie jésuitique. *Escherich* expose tout au long les contradictions flagrantes et les inexactitudes manifestes que renferme cette « théorie ecclésiastique de la descendance » ; il résume fort bien son opinion dans cette phrase : « S'il est « vrai que la théorie de la descendance ne soit conciliable que sous la forme où elle est exposée ici, avec les « dogmes de l'Eglise, *Wasmann* a fourni la preuve rigoureuse que la conciliation de la théorie de la descendance avec les dogmes de l'Eglise était chose impossible. Car, ce que *Wasmann* nous sert ici comme théorie « de la descendance est une chose si défigurée qu'elle « est méconnaissable, et ne sera jamais viable. » En pur jésuite, *Wasmann* cherche à prouver que le darwinisme n'a pas pour conséquence d'anéantir, mais d'établir solidement la théorie de la création surnaturelle, et que ce ne sont pas, à proprement parler, *Lamarck* et *Darwin* mais *saint Augustin* et *saint Thomas d'Aquin* qui ont fondé la théorie de l'évolution. « Car Dieu n'intervient pas immédiatement dans l'ordre de la nature, là où il peut agir par des causes naturelles. » L'homme seul fait une remarquable exception, car : « L'âme humaine, en tant qu'être spirituel, ne peut même pas être tirée par la puissance de Dieu de la matière, comme les formes substantielles des plantes et des animaux » (p. 299).

Dans un article fort instructif, sur la « science jésuitique », (dans la *Libre Parole,* de Francfort, n° 22, 1904), *R.-H. Francé* nous donne une énumération précieuse des jésuites marquants qui travaillent aujourd'hui activement dans les divers domaines des sciences naturelles. Ainsi qu'il le dit fort bien, ce qu'il y a lieu de craindre, « c'est une insinuation systématique de l'esprit jésuitique dans la science, une déformation en règle des problèmes et des réponses, une habile destruction des fondements de la science peu à peu minés ; ou, plus exactement, le danger c'est qu'on ne prenne pas assez conscience de ce danger même et que le public et jusqu'à la science elle-même, ne tombent dans le piège habilement préparé et n'en viennent à croire qu'il existe une *science jésuitique*, dont les résultats peuvent être pris au sérieux ! » (7).

Bien que je reconnaisse entièrement ces dangers menaçants, je suis porté à croire que le Père jésuite *Wasmann* et ses collègues, — à l'encontre de leur volonté et de leur intention, — ont rendu un service extraordinaire à la science et en ont accéléré les progrès. L'Eglise catholique, la plus puissante et la plus nombreuse parmi les communautés chrétiennes, se voit chaque jour forcée de capituler devant la doctrine de l'évolution ; elle en adopte la partie la plus importante, la théorie de la descendance de *Lamarck* et de *Darwin*, qu'elle avait combattue violemment jusqu'en ces vingt dernières années. Sans doute, elle mutile l'arbre puissant puisqu'elle en coupe la racine et le sommet ; elle rejette, en bas, la génération spontanée ou archigonie, en haut, la parenté de l'homme avec une série de vertébrés, ses ancêtres. Mais ces mutilations sont sans importance durable. La biologie impartiale n'y fera pas attention et retiendra la concession faite par l'Eglise, qui accorde que les espèces les plus compliquées, parmi les organismes vivants, sont issues, par transformation, suivant les lois du darwinisme, d'une série de formes originelles plus simples. La croyance à une création surnaturelle ne vaut plus que pour la création des formes originelles les plus anciennes et les plus simples, desquelles les *espèces naturelles* tirent leur origine ; c'est ainsi que *Wasmann* désigne l'ensemble des espèces qui descendent manifestement d'une forme ancestrale commune, c'est-à-dire ce que tous les autres savants, dans leur classification, appellent des *familles*. C'est ainsi qu'il réunit en *une seule* « espèce naturelle » les 4.000 espèces de fourmis de son système, convaincu qu'il est de leur communauté d'origine ; d'autre part, l'homme, à lui seul, forme *une* « espèce naturelle » isolée, sans rapport avec les autres mammifères.

La pure sophistique jésuitique, dont *Wasmann* fait preuve dans cette distinction artificielle des « espèces systématiques et naturelles », apparaît en outre, dans ses « réflexions philosophiques sur la théorie de l'évolution » (ch. VIII), dans sa subtile distinction entre les aspects philosophique et scientifique de cette théorie, entre le développement dans une même famille et celui qui se continue dans plusieurs familles. Ses considérations sophistiques sur « la cellule et la génération primitive » (ch. VII) sont également mensongères et pleines de faux raisonnements. La question de la *génération spontanée* ou archigonie, c'est-à-dire de la première apparition de la vie organique sur la terre, est un des problèmes les plus difficiles de la biologie et un de ceux au sujet desquels, même des naturalistes éminents font preuve d'une surprenante faiblesse de jugement. Un excellent exposé critique et populaire de cette question nous a été récemment donné par le *Dr H. Schmidt*, d'Iéna. Dans sa brochure sur *La Génération spontanée et le professeur Reinke* (1903), il a montré à quelles idées absurdes conduisait, justement à propos de cette question importante, la croyance religieuse mystique. Le botaniste *Reinke*, de Kiel, passe actuellement, dans les milieux pieux, pour l'adversaire le plus puissant du « darwinisme » et chez beaucoup de conservateurs cette opinion s'appuie sur ce simple fait que Reinke est membre de la Chambre prussienne des Seigneurs (qui est, comme, on sait une bien intelligente société) ! Bien qu'elles respirent une profonde croyance évangélique, un grand nombre de ses déductions mystiques concordent cependant d'étrange façon avec les spéculations catholiques du jésuite *Wasmann* et tout particulièrement en ce qui concerne la génération spontanée. Les deux théosophes, dans un parfait accord, font ressortir que la première apparition de la vie ne peut être expliquée que par un *miracle*, par le travail technique d'un « bon Dieu » personnel, que *Reinke* désigne du nom d' « intelligence cosmique ». J'ai précisément montré dans mes deux derniers ouvrages, les *Enigmes de l'Univers* et les *Merveilles de la vie*, que ces dogmes relatifs à la création sont dénués de valeur scientifique. J'ai surtout appelé l'attention sur des organismes, aujourd'hui encore très répandus, les *Monères*, de la classe des chromacées, dont le corps, aussi simple que possible, n'est qu'une boule de plasma vert, sans noyau et sans structure (chroococcus); toute leur activité vitale consiste en croissance (par plasmodomie) et en accroissement (par bipartition). Comprendre comment d'aussi simples monères proviennent de composés albuminoïdes inorganiques, n'est pas, en théorie, plus difficile que d'admettre leur transformation ultérieure en cellules à noyau, si simples fussent-elles. Tout cela est prudemment ignoré ou nié par *Wasmann*, ainsi que bien d'autres choses qui n'iraient pas dans son étalage jésuitique varié.

Vu l'étendue de l'influence que le *papisme*, par l'intermédiaire du centre ultramontain, exerce actuellement en Allemagne sur l'ensemble de la vie publique, ce changement d'attitude, de la part de l'Eglise militante constitue, pour nos écoles elles-mêmes, un grand progrès. *Virchow*, en 1877, avait encore réclamé que la théorie de l'évolution dangereuse pour l'Etat, fût exclue de l'enseignement à l'école. Les ministres de l'instruction publique, — ceux de deux des plus grands états allemands — accueillirent avec reconnaissance ce conseil donné par le chef du parti progressiste, ils interdirent l'enseignement des théories darwinistes et s'efforcèrent autant que possible de masquer la lumière qui venait éclairer la biologie. Et aujourd'hui, vingt-cinq ans après cela, les Jésuites arrivent et réclament le contraire; ils reconnaissent ouvertement la théorie détestée de la descendance et s'efforçent de la réconcilier avec le dogme de l'Eglise! Quelle ironie de l'histoire! et quelle ironie plus grande encore, si nous comparons impartialement les combats livrés en faveur de la liberté de pensée et de l'idée d'évolution, dans les autres pays civilisés de l'Europe!

En Italie, le lieu d'origine et l'abri encore actuel du papisme, celui-ci rencontre en général, dans les milieux cultivés, le plus profond dédain; j'ai vécu plusieurs années en Italie et je n'y ai jamais rencontré un Italien cultivé ayant des idées aussi bigotes et aussi bornées que celles qui sont courantes parmi les catholiques allemands, même dans les milieux éclairés, et qui triomphent d'ailleurs en politique avec le centre du Reichstag allemand. C'est un fait caractéristique de l'état intellectuel arriéré des catholiques allemands, que le pape lui-même les regarde comme ses soldats les plus sûrs et les propose comme modèles aux fidèles des autres nations. Ainsi que nous l'enseigne l'histoire tout entière du papisme romain, le grand charlatan qui réside au Vatican est l'ennemi mortel de la libre science et du libre enseignement tel qu'on le pratique dans les Universités allemandes. Le jeune empire allemand devrait considérer comme son devoir le plus sacré d'entretenir cet esprit de réforme et d'élever le niveau de la culture allemande dans l'esprit où Frédéric II avait travaillé à la même tâche. Au lieu de cela, nous sommes obligés de constater avec une profonde anxiété que l'empereur, mal conseillé et induit en erreur par son entourage influent, se laisse envelopper de plus en plus dans les filets du clergé romain et en lui abandonnant l'école, lui sacrifie déjà la raison de la génération qui grandit. En septembre 1904, les journaux romains annonçaient triomphalement que la conversion de l'empereur et de son chancelier (protestants tous deux) à la confession catholique était chose imminente (8).

La force de la *croyance* aux doctrines de l'Eglise, qui, dans les milieux protestants orthodoxes, aussi bien que chez les catholiques, entrave le progrès vers une conception rationnelle de l'Univers, est souvent admirée comme une expression de la profonde « sentimentalité » allemande. A vrai dire, la véritable cause de cette croyance est la paresse de pensée et la crédulité du peuple allemand, la puissance chez lui de la tradition conservatrice et l'état arriéré du développement politique. Tandis que nos écoles sont courbées sous le joug de la confession, elles en sont affranchies dans les pays avoisinants. En France, la plus pieuse fille de l'Eglise catholique se retourne contre une mère avide de domination ; elle rompt les chaines de son concordat et entreprend la réforme. En Allemagne, patrie de la Réforme, le Reichstag et le Gouvernement s'efforcent, avec un noble zèle, d'applanir le chemin aux Jésuites, d'entretenir l'esprit intolérant des écoles confessionnelles, au lieu de le réprimer. Espérons que la direction nouvelle de l'histoire de la théorie évolutionniste, son admission dans la science jésuitique aboutiront à l'inverse de ce que celle-ci s'efforce d'atteindre : à la suppression de la foi aveugle dans les doctrines de l'Eglise au profit de la science rationnelle.

II

Deuxième Conférence de Berlin.

16 avril 1905.

LA LUTTE SOULEVÉE PAR LA RECONSTITUTION DE L'ARBRE GÉNÉALOGIQUE. PARENTÉ AVEC LES SINGES ET FAMILLE DES VERTÉBRÉS.

> « Rien ne conduit plus sûrement que l'étude de la zoologie et de l'anatomie à reconnaître *l'identité essentielle* de l'animal et de l'homme, considérés dans leur nature phénoménale. Que dire, dès lors, quand nous voyons, de nos jours, un « Zootomiste » qui fait le bigot, avoir l'impertinence de proclamer qu'il y a une différence absolue et radicale entre l'homme et l'animal, — et aller si loin dans cette voie, qu'il ose attaquer et diffamer les honnêtes zoologistes qui, (loin de toute bigoterie, servilité et tartufferie) poursuivent leur chemin sans s'écarter de la *Nature et de la Vérité?* »
>
> Arthur SCHOPENHAUER.
>
> (*Du fondement de la morale*, 1839)

MESDAMES ET MESSIEURS !

Dans la conférence que j'ai eu l'honneur de faire ici avant-hier, j'ai tâché de vous donner un aperçu général de l'état actuel de la lutte soulevée par l'idée d'évolution. La comparaison des diverses branches essentielles de la connaissance nous a montré que le point de vue des anciennes conceptions mythologiques relatives à la création de l'Univers, était depuis longtemps dépassé dans le domaine des sciences inorganiques, mais qu'il était destiné à ne céder la place que beaucoup plus tard à l'idée rationnelle du développement naturel dans le domaine des sciences organiques. Sur ce terrain, la lutte soulevée par l'idée d'évolution n'a guère abouti qu'au début du xx° siècle à un triomphe complet, en ce sens que l'adversaire la plus acharnée et la plus redoutable de l'évolutionnisme, l'Eglise, vient de se voir contrainte d'y adhérer. L'aveu public du P. jésuite *Wasmann* est, à cet égard, du plus grand prix ; on peut, dès à présent se demander anxieusement quelle sera l'évolution ultérieure de ce prêtre. Si sa force de conviction et son courage moral sont assez puissants, il déduira les conséquences de sa profonde connaissance de la nature, et refusera de faire plus longtemps partie de l'Eglise romaine, ainsi que cela est arrivé dernièrement pour deux jésuites de valeur, le comte *Hœnsbroech*, homme de mérite, et le professeur *Renard*, de Gand, géologue pénétrant, qui avait exposé les résultats de l'expédition du « Challenger » pour l'étude des dépôts de la haute mer. Mais quand bien même *Wasmann* ne suivrait pas cet exemple, son adhésion partielle au darwinisme, en tant que représentant de l'église chrétienne, n'en constituerait pas moins une étape dans l'histoire du transformisme. Sa tentative artificieuse, toute jésuitique, pour unifier ces deux pôles opposés, n'aura pas d'action durable ; elle servira, en revanche, à hâter la victoire de l'idée scientifique d'évolution sur la croyance mystique à la création, telle que la propage l'Eglise.

Ces choses, je l'espère, vous apparaîtront plus claires encore si j'aborde aujourd'hui l'examen critique du problème particulier le plus important parmi ceux que soulève la théorie de la descendance, de cette « parenté » si redoutée de l'homme avec le singe, — et si je vous montre qu'elle est inconciliable avec le dogme traditionnel de l'Eglise, selon lequel Dieu aurait créé l'homme à son image. Que cette « théorie du singe », ou théorie pithécoïde soit une conséquence nécessaire et logique du transformisme, c'est ce dont la pénétration de l'Eglise s'était déjà clairement aperçu il y a quarante-cinq ans, sitôt après l'apparition du grand ouvrage de *Darwin*; et c'est cela qui lui avait paru constituer le plus solide motif du combat énergique qu'elle avait livré au darwinisme. C'est très clair : *Ou bien* l'homme, tout comme les autres espèces animales, a été produit par un acte particulier et surnaturel de la création divine, ainsi que l'enseignent *Moïse* et *Linné* (le célèbre *Agassiz*, en 1858, appelle encore l'homme « incarnation d'une idée divine de la création ») ; *ou bien* l'homme est issu, par une transformation naturelle, d'une série d'ancêtres mammifères, comme le prétend la théorie de la descendance de *Lamarck* et *Darwin*.

Vu l'extraordinaire importance de cette théorie pithécoïde nous jetterons d'abord un rapide regard rétrospectif sur ses fondateurs, après quoi nous examinerons de près les arguments qui témoignent en sa faveur. Le grand biologiste français, *G. Lamarck*, fut le premier naturaliste qui soutint nettement que « l'homme descend du singe » et essaya de l'établir scientifiquement ; dans sa grandiose *Philosophie zoologique* par laquelle il devançait son temps de cinquante ans (1809), *Lamarck* exposait avec clarté les modifications et les progrès qui avaient dû s'accomplir dan la transformation, jusqu'à l'homme, des singes anthropoïdes (c'est-à-dire des primates analogues à l'orang-outang et au chimpanzé) : l'adaptation à la station verticale, la différenciation des pieds et des mains qui en est le résultat, enfin plus tard, le développement du langage articulé et des formes supérieures de la raison. Mais en même temps que la théorie de la descendance tout entière, pourtant si remarquable, la plus importante de ses conséquences tomba bientôt dans l'oubli. Lorsque, cinquante ans plus tard, *Darwin* la ressuscita, il n'y prit aucunement garde ; il se contenta, dans son ouvrage principal, de cette courte prophétie : « La lumière viendra éclairer l'origine de l'homme et son histoire ». Cette simple et innocente phrase elle-même parut si grave au premier traducteur allemand, *Bronn*, qu'il la supprima. Lorsque *Wallace* demanda à *Darwin* s'il ne traiterait pas le sujet d'une manière plus approfondie, son ami lui répondit : « Je pense supprimer toute cette question, car elle touche à trop de préjugés ; je reconnais, néanmoins, pleinement que c'est là le problème le plus élevé et le plus intéressant qui puisse occuper un naturaliste ».

Les premiers travaux, d'ailleurs approfondis et des plus importants, qui traitent de cette difficile question, datent de 1863 ; c'est, en Angleterre, *Thomas Huxley* et, en Allemagne, *Ch. Vogt* qui ont cherché à montrer que l'origine simienne de l'homme était une conséquence inévitable du darwinisme, et qui ont entrepris d'établir leur thèse empiriquement, au moyen des arguments dont on disposait alors. La spirituelle étude de *Huxley* sur « la place de l'homme dans la nature » est une œuvre particulièrement précieuse ; l'auteur y discute tout d'abord, en trois conférences convaincantes, les trois grands « arguments » qui sont autant de données empiriques sur ce « problème important entre tous les problèmes » : 1° l'histoire naturelle des singes anthropoïdes ; 2° les relations anatomiques et embryologiques qui unissent l'homme aux animaux immédiatement inférieurs et ; 3° les restes humains fossiles, récemment découverts. J'ai fait à mon tour (1866) dans ma « Morphologie générale », la première tentative d'ensemble pour établir, sur des recherches anatomiques et ontogénétiques, les principes de la théorie de la descendance, et pour déterminer, dans le système naturel phylogénétique des vertébrés, les étapes principales que durent parcourir les premiers ancêtres vertébrés de l'homme. L'anthropologie n'est, par suite, qu'une partie de la biologie. Ces premiers essais phylogénétiques ont été développés ensuite dans mon *Histoire de la création naturelle* et ils ont subi, dans les éditions ultérieures, de nombreuses corrections. (1re édit. 1868, 10e édit. 1902)

Dans l'intervalle, le grand maître, *Darwin*, s'était décidé à traiter, lui aussi, ce problème capital de sa théorie dans un ouvrage spécial : en 1871 parurent les deux volumes si intéressants sur La descendance *de l'homme et la sélection sexuelle* ; l'auteur y montrait, en particulier, le rôle de la sélection sexuelle, l'influence directrice de l'amour sexuel et des qualités morales supérieures qui s'y rattachent, ainsi que l'importance de ces facteurs dans la détermination de l'individu à naître. Et comme cette partie de l'œuvre de *Darwin* a été plus tard attaquée avec une violence particulière, je ne dissimulerai pas ma conviction, à savoir que pour la théorie de l'évolution, en général, aussi bien que pour la psychologie, l'anthropologie et l'esthétique, ce point de la doctrine est de la plus haute importance.

Mes premiers et timides essais (1866), en vue de rattacher l'homme non seulement aux singes qui lui sont étroitement apparentés, mais aussi en vue de retracer la longue série de ses ancêtres vertébrés, plus éloignés et inférieurs — m'avaient fort peu satisfait ; j'avais, en particulier, dans ma « Morphologie générale », laissé pendante la question très intéressante de savoir à quels animaux invertébrés la famille des vertébrés se rattache à l'origine. Un peu plus tard seulement, le problème s'éclaira d'une lumière inattendue, grâce aux découvertes surprenantes de *Kowalevsky*, qui révélaient, sur tous les points essentiels, l'identité du développement embryologique chez le dernier des *vertébrés* (l'amphioxus), et chez un *tunicier* inférieur (l'ascidie). D'autre part, grâce à de nombreuses découvertes faites au cours des années suivantes sur la formation des feuillets germinatifs chez les animaux les plus divers, notre horizon embryologique s'élargit de telle sorte qu'en 1872, dans ma monographie des éponges calcaires, je pus démontrer la complète homologie, chez tous les métazoaires, du goblet germinatif à deux feuillets, la *gastrula* ; j'en conclus, d'après la loi fondamentale biogénétique, à une origine commune de tous les métazoaires qu'il conviendrait de placer dans une forme primitive analogue à la gastrula, la *gastrea*. Bien plus tard seulement (1895), les observations de *Monticelli* démontrèrent, que cette forme primitive hypothétiquement,

rant, sous la direction personnelle de quatre biologistes de premier rang : *A. Kolliker* et *R. Virchow*, *F. Leydig* et *C. Gegenbaur*. Le vif intérêt que ces grands maîtres avaient éveillé en moi pour l'étude de la vie sous toutes ses formes (anatomie comparée et microscopique), a été le point de départ de toute ma culture biologique et m'a permis de suivre plus tard les spéculations hardies du génial *J. Müller*. Auprès de *Virchow*, en particulier, je n'appris pas seulement l'art analytique de l'observation pénétrante et de l'appréciation critique des faits anatomiques isolés, — j'acquis, en outre, la compréhension synthétique de l'organisation humaine tout entière, cette conviction fondamentale de l'*unité* de l'être humain, de la liaison indissoluble entre l'esprit et le corps, exprimée tout au long par *Virchow*, en 1849, dans son ouvrage classique sur *Les efforts vers l'unification dans la médecine scientifique*. Les articles de tête qu'il écrivit alors pour l'*Archive d'anatomie et de physiologie pathologiques*, fondée par lui, contiennent, à côté d'aperçus nouveaux et excellents sur les merveilles de la vie, un certain nombre de considérations générales non moins excellentes sur leur interprétation, pensées fécondes dont nous pouvons tirer un profit immédiat pour notre monisme. De même, dans le combat qui se livrait alors entre le rationalisme empirique et le matérialisme, d'une part, et l'ancien vitalisme ou mysticisme, de l'autre, *Virchow* prit parti pour le premier et combattit à côté de *J. Moleschott*, *C. Vogt* et *L. Büchner*. La conviction profonde que j'ai de l'*unité* de la nature dans le monde inorganique et dans le monde organique, du caractère *mécanique* de toute activité vitale et psychique, conviction que j'ai toujours défendue comme étant le fondement d'une saine conception moniste de l'Univers, je la dois en grande partie à l'enseignement de *Virchow* et aux longs entretiens qu'en qualité d'assistant, j'ai eus avec lui. Les notions fondamentales sur la nature de la cellule, sur l'indépendance individuelle des organismes élémentaires, qu'il a exposées dans son plus grand ouvrage, — la pathologie cellulaire, — sont restées pour moi par la suite, des étoiles conductrices dans les recherches étendues que j'ai poursuivies pendant trente ans sur l'organisation des radiolaires et autres protistes monocellulaires; et de même pour la théorie de l'âme cellulaire qui résulte naturellement de l'étude psychologique de la cellule.

La période d'éclat, dans la carrière scientifique de l'infatigable *Virchow*, est sans contredit celle qu'il a passée à Würzbourg. Les choses prirent une tout autre tournure après qu'en 1856 *Virchow* eût regagné Berlin. Ici, sa préoccupation principale devint bientôt l'action politique, sociale et municipale. A ce dernier point de vue, il a, comme on sait, fait tant et de si grandes choses pour la ville de Berlin et le bien-être du peuple allemand, que je n'ai pas besoin de m'attarder en paroles inutiles. Je ne vous entretiendrai pas non plus longuement de cette activité politique accaparante et souvent ingrate pour *Virchow*, devenu chef du parti progressiste; sa valeur, vous le savez, est très diversement appréciée. Nous insisterons d'autant plus sur l'étrange attitude du savant vis-à-vis de la doctrine évolutionniste et de la plus importante de ses conséquences, la « théorie pithécoïde ». A son égard, l'attitude de *Virchow* fut d'abord favorable, plus tard sceptique et finalement nettement hostile.

Après que la théorie de la descendance, posée par *Lamarck*, eût été reprise par *Darwin* en 1859, bien des gens regardèrent *Virchow* comme appelé à prendre une place marquante parmi ses défenseurs ; il avait, en effet, étudié à fond le problème important de l'*hérédité* et l'étude des altérations pathologiques lui avait révélé la puissance de l'*adaptation* ; ses études anthropologiques l'avaient d'ailleurs mis directement en face de la grande question de l'origine de l'homme. De plus, il passait pour l'adversaire décidé de tout dogmatisme et il combattait la transcendance, tant sous la forme de croyance religieuse, que sous celle d'anthropomorphisme. En 1862, il déclarait encore que « la possibilité du passage d'une espèce à une autre espèce était un besoin de la science ». Lorsqu'en 1863, à la réunion des naturalistes de Stettin, j'exposai pour la première fois en public la théorie darwiniste, *Virchow* était, avec *Al. Braun*, du petit nombre des naturalistes qui déclaraient la question très importante et digne d'une étude approfondie. Lorsqu'en 1865 je lui communiquai deux conférences que j'avais faites à Iéna sur l'origine et l'arbre généalogique de l'homme, il les inséra volontiers dans sa collection des conférences de vulgarisation scientifique. Au cours de nombreux entretiens que j'eus avec lui sur ces sujets, il exprima toujours une manière de voir qui, pour l'essentiel, était d'accord avec la mienne, bien qu'avec cette prudente réserve et ce froid scepticisme qui étaient dans sa nature. C'est encore la même attitude modérée qu'il montra dans la conférence qu'il fit ici même, à l'association des Artisans, sur « Le crâne de l'homme et celui du singe. »

C'est à partir de l'année 1877, seulement, que l'attitude de *Virchow* vis-à-vis du darwinisme devint tout autre et nettement hostile. Au Congrès des naturalistes, qui se tint à cette époque à Münich, j'avais accepté, sur les instances pressantes de mes amis de là-bas, de faire la première conférence (le 18 septembre) sur : « La théorie actuelle de l'évolution dans ses rapports avec l'ensemble de la science ». J'avais développé, pour l'essentiel, les mêmes aperçus généraux que j'ai repris ensuite dans mes ouvrages sur *le Monisme*, *les Enigmes de l'Univers* et *les Merveilles de la vie.* Dans la capitale ultramontaine de la Bavière, en face d'une grande Université qui se qualifie elle même avec insistance de catholique, une telle profession de foi moniste était chose très risquée. L'impression profonde qu'elle produisit éclata, en effet dans les vives manifestations approbatives, d'une part, réprobatives, de l'autre, qui se produisirent tant au sein de la réunion que dans la presse. Je partis dès le lendemain pour l'Italie(ainsi que j'avais résolu depuis longtemps de le faire). *Virchow* n'arriva que deux jours après à Münich et là, sur les instances pressantes de personnages haut placés et influents, il fit le 22 septembre sa célèbre réplique sur « La liberté de la Science dans l'Etat moderne. » La tendance de ce discours était de restreindre la liberté en question; la théorie de la descendance était une hypothèse non vérifiée, on n'avait pas le droit de l'enseigner à l'école car elle était dangereuse pour l'Etat ; « nous n'avons pas le droit d'enseigner que l'homme descend du singe ou de n'importe quel autre animal ». En 1849, le jeune *Virchow*, alors moniste, avait exprimé avec emphase sa conviction, » qu'il ne se trouverait jamais dans le cas de renier le principe de l'*unité* de l'être humain, ni aucune de ses conséquences ; » en ce jour, vingt-huit ans plus tard, le sage politicien, devenu dualiste, reniait complètement le dit principe. Il avait jadis enseigné que tous les processus corporels et mentaux ayant leur siège dans l'organisme humain, étaient ramenables à la mécanique de la vie cellulaire ; en 1877 il faisait de l'âme une substance spéciale et immatérielle. Mais il mit le comble à ce discours réactionnaire par son compromis avec l'Eglise que, vingt ans auparavant, il avait combattue avec la plus vive énergie ; tranquillement cette fois, il déclarait trouver « les seules bases solides de l'enseignement dans la religion de l'Eglise ».

Ce qui fait le mieux ressortir le caractère de ce discours de *Virchow* fait à Münich, c'est le vif succès qu'il eut aussitôt dans tous les journaux réactionnaires et cléricaux; c'est aussi le regret profond qu'exprimèrent toutes les voix de la presse libérale, aussi bien dans le camp politique que dans le camp religieux *Darwin*, d'ordinaire si modéré dans ses jugements, écrivit après avoir lu la traduction anglaise de ce discours : « La conduite de *Virchow* est honteuse et j'espère qu'un jour viendra où il en aura honte ». Dans ma brochure sur « La science libre et l'enseignement libre » (1878), j'ai donné une réplique détaillée à ce discours et j'ai reproduit quelques-uns des articles les plus importants qu'il provoqua (10).

Depuis le tournant décisif que marque, dans la vie de *Virchow* son discours de Münich, jusqu'à sa mort, c'est-à-dire pendant vingt-cinq ans, il est resté l'infatigable et puissant adversaire de la théorie de la descendance. Dans les Congrès où il se rendait chaque année, il n'a cessé de combattre cette théorie et, en particulier, il s'est obstiné à défendre sa phrase : « Il est absolument certain que l'homme ne descend ni du singe ni d'aucun autre animal. » A la question : « D'où donc, alors, vient-il ? » *Virchow* ne trouvait pas de réponse et il se réfugiait dans l'attitude résignée des agnostiques, prédominante jusqu'à *Darwin* : « Nous ne savons pas comment la vie est apparue ni comment les espèces se sont produites sur terre. » Le gendre de *Virchow*, le professeur *Rabl* a récemment tenté de ressusciter le premier point de vue du maître et il a prétendu que *Virchow*, même dans la dernière période de sa vie, reconnaissait pleinement le bien fondé de la théorie de la descendance lorsqu'il causait avec quelque interlocuteur. Ce ne serait que plus mal de sa part d'avoir toujours professé le contraire en public. Un fait demeure certain, c'est que depuis 1877 tous les adversaires de la théorie de la descendance, les réactionnaires et les cléricaux avant tous les autres, invoquent la haute autorité de *Virchow*.

La conception tout à fait rétrograde de l'Univers qui s'est trouvée par suite favorisée, a été très justement appréciée par *Robert Drill* (1902), dans son opuscule sur : « Virchow réactionnaire. » A quel point le grand pathologiste était incapable de comprendre sur quel fondement scientifique reposait la « théorie pithécoïde », c'est ce dont témoigne l'absurde phrase qu'il prononça en 1894, à Vienne, dans son discours solennel d'ouverture du Congrès des Anthropologistes, à savoir : « Que l'homme pourrait aussi bien descendre du mouton ou de l'éléphant que du singe. » Tous les zoologistes compétents seront obligés de conclure à une ignorance surprenante de la zoologie systématique et de l'anatomie comparée. Cependant, l'autorité de *Virchow*, président de la société allemande d'anthropologie, restait inébranlée et il était impossible aux idées darwiniennes de se faire jour. Même des lutteurs aussi énergiques que *C. Vogt*, des défenseurs de l'homme pithécoïde du Neandertal aussi versés dans les sciences que *Schaaffhausen*, ne parvinrent pas à triompher de l'opposition. Cette autorité demeura pendant vingt ans, tout aussi puissante dans la presse berlinoise, dans les journaux libéraux aussi bien que dans les journaux conservateurs. Le *Journal de la Croix* et le *Journal de l'Eglise évangélique* étaient ravis que « le progressiste érudit fût, en ce qui concernait l'évolutionnisme, conservateur au meilleur sens du mot » ; la « Germania » ultramontaine, jubilait de ce que l'austère représentant de la science pure « eût mis, par de véritables coups de massue, la ridicule théorie pithécoïde et son principal défenseur E. Haeckel, hors d'état de nuire » ; le *Journal National* ne pouvait pas assez remercier le citoyen libéral qui nous avait délivrés à jamais du cauchemar opprimant de l'origine pithécoïde ; le rédacteur du *Journal du peuple, Bernstein* qui, dans ses excellents manuels scientifiques populaires, avait tant fait pour le progrès des lumières, se refusait obstinément à accepter les articles qui soutenaient la trompeuse théorie pithécoïde, « refutée » par *Virchow*.

Je serais entraîné beaucoup trop loin si je voulais essayer de vous donner ici un aperçu, même général, de la littérature curieuse et déjà presque étendue à perte de vue, qui s'est répandue au sujet de la théorie pithécoïde, pendant ces trente dernières années, dans des milliers de dissertations savantes et d'articles populaires. La grande majorité de ces écrits porte l'empreinte des préjugés religieux régnants et trahit l'absence des connaissances techniques qui ne peuvent être acquises que par une culture biologique approfondie. Ce qu'il y a de plus curieux, c'est que la plupart des auteurs ont limité leurs intérêts de famille généalogiques aux singes les plus rapprochés de l'homme et ne se sont pas demandé d'où provenaient ces singes, n'ont pas recherché les racines plus profondes de notre arbre généalogique commun; la vue des arbres les a empêchés de discerner la forêt. Et cependant on pénètre beaucoup plus facilement et aisément les grands mystères de notre origine animale, lorsqu'on la considère du point de vue plus élevé de la phylogénie des vertébrés et qu'on pénètre plus avant dans la série des *groupes les plus anciens des Vertébrés.*

Depuis que le grand *Lamarck*, au début du XIXe siècle, a donné la définition des *Vertébrés* (1801) et que peu après son collègue parisien, *Cuvier* a fait de ces vertébrés l'un des quatre grands groupes du règne animal, l'unité naturelle de ce groupe, qui atteint un haut degré de développement, est demeurée incontestée. Chez tous les vertébrés quels qu'ils soient, depuis les poissons inférieurs et les amphibies jusqu'aux singes et à l'homme, la conformation typique du corps, la situation caractéristique des organes principaux et leurs relations sont les mêmes et diffèrent profondément de ce qu'on constate chez tous les autres animaux.

Les mystérieuses relations de parenté entre tous ces vertébrés avaient déjà, bien avant *Cuvier*, il y a de cela cent vingt ans, stimulé le plus grand de nos poètes et penseurs, *Gœthe*, à entreprendre, à Iéna et à Weimar, de longues et pénibles recherches dans le domaine de l'anatomie comparée. De même que, dans la métamorphose des plantes, *Gœthe* avait fondé l'unité d'organisation sur l'organe primordial commun à tous les individus, la feuille, — de même, dans la métamorphose des vertébrés, il retrouva cette unité par sa théorie vertébrale du crâne (11). Et ainsi, après que *Cuvier* eût élevé l'anatomie comparée au rang de science indépendante, cette branche de la biologie se développa grâce aux recherches classiques de *J. Müller*, *C. Gegenbaur*, *R. Owen*, *T. Huxley* et bien d'autres morphologistes, à tel point que plus tard le darwinisme put puiser ses armes les plus puissantes dans ce riche arsenal. Les différences frappantes que présentent dans la forme extérieure et la structure interne les poissons, les amphibies, les reptiles, les oiseaux et les mammifères s'expliquent par l'*adaptation* aux diverses activités des organes et à leurs conditions d'existence; la surprenante uniformité, d'autre part, qui se maintient, malgré tout, dans le caractère typique, s'explique par l'*hérédité* d'ancêtres communs.

Ces témoignages de l'anatomie comparée sont si

éclatants que le premier individu qui examine impartialement et attentivement une collection ostéologique, peut se convaincre immédiatement de l'unité morphologique de la famille des vertébrés. Il est plus difficile de comprendre et moins aisé d'aborder les témoignages phylogénétiques, non moins importants cependant, de l'*ontogénie comparée*, ou embryologie ; ils ont été découverts beaucoup plus tard et leur valeur inappréciable n'est reconnue que depuis quarante ans, grâce à la loi fondamentale biogénétique. Ils nous apprennent que, sans doute, comme tous les autres animaux, chaque vertébré se développe en partant d'une simple cellule œuf, mais que la marche de cette évolution se distingue par des caractères propres et des formes germinatives spéciales, qui font défaut chez les invertébrés. Nous remarquons, en particulier, la *chordula* ou larve de chorda, forme germinative très simple ressemblant à un ver, sans membres, encore dépourvue de tête et d'organes sensoriels supérieurs ; le corps ne consiste qu'en six organes primitifs, absolument simples. Ceux-ci donnent naissance, suivant un développement très régulier, aux centaines d'os, de muscles et autres organes que nous distinguons par la suite chez le vertébré adulte. Le processus remarquable et très compliqué de cette formation embryonnaire est essentiellement le même chez l'homme et chez le singe, aussi bien que chez les amphibies et les poissons ; nous avons ici, conformément à la loi biogénétique, un nouveau et important témoignage de l'origine commune de tous les vertébrés, origine qui doit être cherchée dans une forme primitive commune, la *chordea*.

Si importants que soient ces arguments tirés de l'embryologie comparée, il n'en faut pas moins poursuivre pendant des années des études approfondies dans le domaine lointain et difficile de l'embryologie, pour se convaincre de leur signification phylogénétique; les embryologistes ne sont d'ailleurs pas rares, (en particulier parmi ceux qu'a formés l'école moderne d'embryologie expérimentale), qui n'y parviennent jamais. Il en va tout autrement si nous empruntons à un domaine plus éloigné, la paléontologie, ses preuves palpables. Les merveilleux fossiles, les restes pétrifiés et les empreintes d'animaux et de plantes disparus, nous livrent immédiatement les documents historiques qui nous renseignent sur l'apparition et la disparition successives des divers groupes de formes et d'espèces. La géologie a enregistré d'une façon certaine la série successive des sédiments qui ont été déposés l'un après l'autre par le limon solidifié formé au fond des eaux; l'épaisseur ou la résistance de leurs couches permet à la science de déduire des conséquences relatives à leur âge et à l'ancienneté relative de leur apparition. La durée de temps inouïe qu'il a fallu à la vie organique pour se développer sur notre terre comprend plusieurs millions d'années, ce nombre d'années est évalué d'une façon très variable, tantôt à cent millions à peine, tantôt à plusieurs centaines de millions d'années. Contentons-nous d'adopter le nombre minimum de cent millions d'années; celles-ci se répartissent entre les cinq grandes périodes principales de l'histoire organique de la terre de telle sorte que la période archozoïque, la plus ancienne, représente la plus grande moitié de cette durée ; mais comme les couches sédimentaires de ces terrains, composées en grande partie de gneiss et de schiste cristallin, se trouvent à l'état métamorphique, les fossiles qui y sont contenus ne sont plus reconnaissables. Dans les plus profondes des couches suivantes, appartenant à la période paléozoïque, nous trouvons les plus anciens restes pétrifiés de vertébrés, des poissons primitifs de la période silurienne (sélaciens), et des poissons à émail (ganoïdes). Ceux-ci sont suivis dans le système dévonien par les plus anciens dipneustes ou poissons amphibies (formes de transition des poissons aux amphibies). Dans le système qui fait suite, ou système carbonifère, apparaissent les premiers vertébrés quadrupèdes et ayant vécu sur la terre ferme : des amphibies de l'ordre des Stegocéphales. Puis, un peu plus tard, apparaissent dans le système permien les premiers amniotes, reptiles inférieurs, ressemblant au lézard (les tocosauriens) ; les animaux à sang chaud, les oiseaux et les mammifères font encore défaut. C'est seulement dans le trias, dans les sédiments les plus anciens de l'âge mésozoïque qu'apparaissent les premiers mammifères sous forme d'animaux primitifs appartenant à la sous-classe des monotrèmes (Panthothériens et Allothériens). Ceux-ci sont suivis, dans le terrain jurassique, par les premiers Marsupiaux (prodidelphes), dans le crétacé, par les formes ancestrales des placentaires, (mallothériens). (Voir plus loin.)

Ce n'est qu'à l'âge suivant, *âge tertiaire*, que le groupe des mammifères atteint son plus riche déploiement. Pendant les quatre périodes que comprend cet âge, (l'éocène, l'oligocène, le miocène et le pliocène), et jusqu'à nos jours, le nombre, la diversité et le perfectionnement des différentes espèces de mammifères est toujours allé croissant. Le groupe inférieur, celui des Placentaliens, ancêtres communs, donne naissance par quatre branches divergentes aux légions des carnivores, rongeurs, ongulés et primates. Les trois premières sont de beaucoup surpassées par la légion des *Primates*, dans laquelle Linné avait déjà réuni les demi-singes, les singes et l'homme. La *succession historique* dans laquelle se présentent ainsi, l'un après l'autre, les divers groupes figurant les étapes du développement des vertébrés, correspond exactement à la suite d'étapes morphologiques qu'ils parcourent dans leur perfectionnement graduel et que nous a fait connaître l'étude de l'anatomie comparée et de l'ontogénie.

Ces données paléontologiques constituent les arguments les plus importants à l'appui de la théorie qui fait descendre l'homme d'une longue série de vertébrés inférieurs et supérieurs. Car il n'y a pas d'autre explication possible de cette succession historique des classes qui concorde entièrement avec la série des étapes morphologiques et systématiques, que la théorie de la descendance ; aussi ses adversaires n'ont-ils ni donné, ni cherché une autre explication. Les poissons, dipneustes, amphibies, reptiles, monotrèmes, marsupiaux, placentaliens primitifs, demi-singes, singes, singes anthropoïdes et hommes pithécoïdes sont les membres inséparables d'une longue série d'ancêtres, dont le descendant le plus jeune et le plus parfait est l'homme lui-même. (Voir, dans le *Supplément*, les tableaux I à III.)

Un des faits paléontologiques que nous avons rapportés est ici de la plus haute importance, à savoir l'apparition tardive de la classe des *mammifères*, en géologie. Ce groupe, le plus développé des vertébrés, n'apparaît sur le théâtre de la vie que pendant la période triasique, dans la seconde moitié, — la plus courte, — de l'histoire organique de la terre. Il n'est représenté, pendant tout l'âge mésozoïque, tandis que prédominent les reptiles, que par quelques petites formes inférieures. Pendant cette longue période de temps que quelques géologues évaluent à 8-11, d'autres à 20 millions d'années, la classe prédominante des reptiles produit avec une profusion merveilleuse les formes curieuses et gigantesques de dragons : les dragons marins nageurs (Halisauriens), les dragons volants (Ptérosauriens), les dragons terrestres, colossaux (Dinosauriens). En revanche, c'est beaucoup plus tard seulement, dans la période tertiaire, que la classe des mammifères produit cette abondance de placentaliens, d'animaux énormes, variés et hautement développés, qui assure à cette classe la suprématie à notre époque moderne.

Mais les recherches nombreuses et approfondies qui ont été faites au cours de ces trente dernières années sur la provenance des mammifères, ont conduit tous les zoologistes qui s'en sont occupés à la ferme conviction que tous ces animaux dérivent d'une *unique souche commune*. Car tous les mammifères, depuis les monotrèmes et les marsupiaux les plus primitifs jusqu'au singe et à l'homme, ont en commun un grand nombre de caractères frappants, qui les distinguent de tous les autres vertébrés : le développement, dans la peau, des systèmes pileux et glandulaire, l'alimentation des jeunes par le lait maternel, la formation très spéciale de la mâchoire inférieure et des osselets de l'oreille qui s'y rattachent, ainsi que d'autres particularités dans la formation du crâne; en outre, la présence d'un disque rotulien (patella), l'absence de noyau cellulaire dans les globules rouges du sang. De même, le diaphragme complet qui sépare entièrement, à la manière d'une cloison, la cavité thoracique de la cavité abdominale, est la propriété exclusive des mammifères; chez tous les autres vertébrés, les deux cavités communiquent encore librement. C'est pourquoi l'origine monophylétique ou unique, de la classe tout entière des mammifères est maintenant reconnue par tous les spécialistes compétents, comme un *fait historique* bien établi.

En présence de ce fait important, la « théorie pithécoïde » proprement dite perd beaucoup de la grande importance qu'on lui accordait en général jusqu'à ce jour. Car toutes les conséquences essentielles qui s'ensuivent quant à la nature de l'être humain, quant au passé et à l'avenir de notre race, à notre vie corporelle et psychique, demeurent inébranlées, aussi bien dans le cas où l'on fait descendre l'homme directement d'un primate quelconque, singe ou demi-singe, que dans le cas où on le fait provenir d'une autre branche du groupe des mammifères, et où on le rattache à des formes inférieures et inconnues de ce groupe. Il importe particulièrement d'insister sur ce point, parce que récemment des zoologistes jésuites et des jésuites zoologistes ont fait une dangereuse tentative pour masquer ce point capital et pour jeter une nouvelle obscurité sur ce « problème important entre tous les problèmes ».

Dans un ouvrage de luxe, richement illustré et fort répandu, dont *Hans Kraemer* a commencé la publication il y a quelques années sous le titre de *Cosmos et humanité*, un anthropologiste intelligent et instruit, le professeur *Klaatsch*, d'Heidelberg, s'est chargé de traiter « de l'apparition et de l'évolution de la race humaine » et il a, en particulier, fort bien exposé l'histoire des origines de l'homme et de sa culture primitive. Il combat, cependant la doctrine « qui fait descendre l'homme du singe », il la déclare « absurde, mesquine et fausse » ; il invoque, à l'appui de son jugement rigoureux, ce motif qu'aucun des singes actuellement vivants ne saurait être l'ancêtre de l'homme. Un argument aussi insensé n'avait jamais encore été invoqué, par aucun naturaliste au courant de la question. Mais si l'on observe de plus près ce « combat de moulin à vent », on s'aperçoit, qu'au fond, l'opinion de *Klaatsch* sur la théorie pithécoïde est la même que celle qui, depuis 1866, est soutenue par moi. Il dit expressément : « Les trois singes anthropoïdes, le gorille, le chimpanzé et l'orang-outang nous apparaissent comme les rameaux issus d'une racine commune, très proche de celle dont proviennent à la fois le gibbon et l'homme. » Cette forme hypothétique, racine unique de tous les primates et qu'il appelle « primatoïde », est celle que j'avais désignée depuis longtemps du nom d'*archiprimate* ; elle existait dès le début de l'âge tertiaire et s'était sans doute développée au cours de la période crétacée, issue des mammifères primitifs qui vivaient alors. L'hypothèse fort artificielle et invraisemblable à laquelle *Klaatsch* recourt pour établir un abîme profond entre les primates et les autres mammifères, me semble une tentative absolument vaine, de même que les hypothèses analogues proposées récemment par *Alsberg, Wilser* et autres anthropologistes désireux de combattre la théorie pithécoïde.

Toutes ces tentatives et d'autres analoques ont un but commun : sauver la situation privilégiée de l'homme dans la nature, élargir autant que possible l'abîme qui le sépare des autres mammifères, mais jeter un voile sur sa véritable origine. C'est là une forme de la *tendance de parvenus* que nous constatons si fréquemment chez les fils et petits-fils anoblis d'hommes distingués, qui se sont élevés par leur propre mérite à une haute situation. L'autorité supérieure et l'Eglise, son alliée, regardent complaisamment cette présomption, car elle sert de point d'appui à leur orgueilleuse illusion fossile, laquelle leur fait voir en l'homme « l'image de Dieu » et en la « grâce divine » un privilège des princes. Pour le zoologiste anthropologiste qui examine cette importante généalogie du point de vue strictement scientifique, ces tendances anthropocentriques lui sont aussi indifférentes que l'almanach de Gotha ; il ne cherche qu'à établir l'exacte *vérité*, telle que la lui font entrevoir les riches matériaux acquis par la science moderne, et il ne peut pas douter un instant que l'homme ne soit, au propre sens du mot, un descendant du *singe*, du *singe anthropoïde* dont l'espèce a depuis longtemps disparu. Ainsi que l'ont affirmé, souvent déjà, des savants honorables pénétrés de cette conviction, les arguments que fournit l'anthropogénie sont ici particulièrement clairs et simples, — ils le sont même beaucoup plus que dans le cas de bien d'autres mammifères. C'est ainsi, par exemple, que l'origine de l'éléphant, du tatou, des animaux à écailles, des sirènes, des cétacés est un problème beaucoup plus obscur et difficile que celui de l'origine de l'homme.

Lorsque *Huxley*, en 1863, publia son mémoire, d'une importance capitale, sur « la place de l'homme dans la nature », il orna le volume d'une couverture sur laquelle on voyait, l'un à côté de l'autre, les squelettes de l'homme et des quatre singes anthropoïdes encore existants (des deux asiatiques, le gibbon et l'orang-outang, et des deux africains, le chimpanzé et le gorille). La comparaison impartiale de ces cinq squelettes montre que non seulement ils se ressemblent extrêmement dans l'ensemble, mais que, dans leur structure, dans l'ordonnance régulière et les relations de toutes les parties, ils sont *identiques*. Les mêmes deux cents os composent la charpente osseuse de l'homme et des quatre singes anthropoïdes, dépourvus de queue, nos plus proches cousins. Les mêmes trois cents muscles servent à mouvoir les parties isolées du squelette. Les mêmes poils couvrent notre peau, les mêmes glandes mammaires servent à allaiter les jeunes. Le même cœur à quatre cavités sert de pompe centrale dans la circulation du sang; les mêmes trente deux dents forment notre denture; les mêmes organes de reproduction permettent la conservation de l'espèce; les mêmes groupes de neurones ou de cellules ganglionnaires constituent l'édifice merveilleux de notre cerveau et accomplissent ce travail suprême du plasma qu'on désigne du nom d' « âme » et qu'on vénère même parfois comme un être spécial et immortel. Huxley, par de minutieuses comparaisons anatomiques, a établi solidement cette *vérité fondamentale*, tandis que de nouvelles comparaisons avec les singes inférieurs et les demi-singes le conduisaient à son *principe pithécométrique*, gros de conséquences : « Considérons un organe quelconque, celui que nous voudrons, les différences qu'il présente chez l'homme et chez le singe anthropoïde sont moindres que les différences correspondantes que présente le même organe considéré chez ce dernier singe et chez les singes inférieurs. » Si l'on compare superficiellement ces squelettes anthropomorphes, on aperçoit sans doute des différences aisées à saisir dans les dimensions des diverses parties ; mais elles ne sont que quantitatives, déterminées par une croissance variable, provenant elle-même de l'adaptation à des conditions d'existence variées. Mais ces différences existent aussi, comme on sait, entre les différents hommes ; chez eux aussi les bras et les jambes sont tantôt longs, tantôt courts, le front tantôt haut, tantôt bas, le développement des poils tantôt abondant, tantôt réduit, et ainsi de suite.

Ces arguments anatomiques en faveur de la théorie pithécoïde ont été, comme à souhait, complétés et fortifiés par les brillantes découvertes physiologiques de ces dernières années. Il faut mentionner ici en première ligne les célèbres expériences du *Dr H. Friedenthal*, de Berlin ; il a montré que le sang humain décomposait et empoisonnait le sang des singes inférieurs et des autres mammifères, mais qu'il n'avait pas cette action sur le sang des singes anthropoïdes. Déjà auparavant, des expériences de transfusion avaient révélé ce fait important que la parenté systématique des mammifères voisins était jusqu'à un certain point en rapport avec la parenté chimique du sang. Lorsqu'on mélange le sang vivant de deux animaux proches parents, pris dans une même famille, par exemple du chien et du renard, ou du lapin et du lièvre, les deux sortes de globules sanguins vivants demeurent inaltérées. Lorsqu'on mélange, au contraire, le sang d'un chien à celui d'un lapin, ou celui d'un renard à celui d'un lièvre, il se produit aussitôt, entre les deux sortes de globules sanguins une lutte mortelle ; le liquide sanguin ou sérum du carnassier détruit les globules rouges du sang du rongeur et inversement. Il en va de même des variétés de sang chez les divers primates ; celui des singes inférieurs et des demi-singes, qui sont restés le plus proches de la forme originelle commune au groupe entier des primates, — a une action destructrice sur le sang des singes anthropoïdes et de l'homme, et inversement. Par contre, le sang de l'homme supporte fort bien celui du singe anthropoïde, sans que leurs hématies soient détruites par le mélange.

Au cours de ces dernières années, d'autres physiologistes et médecins ont poussé plus loin encore ces intéressantes expériences sur le sérum sanguin et y ont cherché, précisément, la preuve directe de la consanguinité de divers mammifères, et même du *degré* de leur parenté ; tels, par exemple les professeurs *Uhlenhuth* de Greifswald et *Nuttall*, de Londres, ce dernier a étudié la question très minutieusement, sur neuf cents espèces différentes de sang dont il a examiné seize mille réactions. Il a retracé les degrés de parenté du sang jusqu'aux singes inférieurs du Nouveau-Monde; *Uhlenhuth* est même allé jusqu'aux demi-singes. Par suite, la « parenté d'origine » de l'homme et du singe anthropoïde, depuis longtemps établie par l'anatomie, est devenue aujourd'hui une propre *parenté de sang*, démontrée par la physiologie (12).

Non moins grosses de conséquences sont les découvertes embryologiques du zoologiste d'Erlangen, feu *E. Selenka*. Il entreprit deux grands voyages dans l'Inde orientale pour étudier sur place l'ontogénie des singes anthropoïdes asiatiques, l'orang et le gibbon. A l'aide de nombreux embryons, par lui réunis, il démontra que certaines particularités frappantes, dans la formation du placenta, que l'on avait jusqu'ici attribuées exclusivement à l'homme et signalées comme une « particularité frappante » de notre race, se rencontraient, absolument les mêmes, chez ces singes anthropoïdes, proches parents de l'homme, par opposition à ce qui avait lieu chez tous les autres singes. En raison de tous ces faits et d'autres encore, je considère la provenance de l'homme, que je fais descendre de singes anthropoïdes de l'époque tertiaire, aujourd'hui disparus, comme établie avec autant de certitude que celle des oiseaux ou celle des reptiles, qui descendent, (sans qu'aucun zoologiste en doute encore à l'heure actuelle), les premiers, des reptiles, les seconds des amphibies. La parenté d'origine est aussi étroite que le montrait déjà, en 1883, dans son excellent livre sur les singes anthropoïdes, mon défunt compagnon d'études, l'anatomiste berlinois *R. Hartmann* (qui, il y a cinquante ans, s'asseyait avec moi aux pieds de J. Müller); il proposait de répartir l'ordre tout entier des primates en deux familles : d'une part, les *primaires* (hommes et singes anthropoïdes) — de l'autre, les *simiens* (singes proprement dits, catarhiniens ou singes orientaux et platyrhiniens, ou singes occidentaux).

Depuis que le médecin hollandais, *E. Dubois* a découvert à Java, il y a douze ans, les célèbres restes de l'homme pithécoïde fossile (Pithecanthropus erectus), comblant ainsi la lacune formée par ce qu'on appelait le « membre manquant » (missing link), ce groupe, le plus intéressant des primates, a donné lieu à une littérature abondante; je signalerai, comme particulièrement importante la preuve fournie par l'anatomiste strasbourgeois, *G. Schwalbe*; que le crâne jadis découvert à Neandertal appartenait à une espèce d'hommes disparue, qui tenait le milieu entre le pithecanthropus et l'homme véritable : à l'homoprimigenius. Par les comparaisons les plus minutieuses, *Schwalbe* réfutait en même temps toutes les objections tendancieuses que *Virchow* avait autrefois élevées contre ces documents fossiles et d'autres analogues, en déclarant que c'était là des monstruosités pathologiques. Dans tous les restes importants de l'homme fossile, qui démontraient qu'il descendait des singes anthropoïdes, *Virchow* ne voulait voir que des altérations pathologiques provoquées par des conditions de vie malsaines : la goutte, le rachitisme et autres affections des habitants des cavernes à l'époque diluviale; il s'efforçait de toutes manières d'affaiblir l'évidence des preuves de la parenté entre l'homme et les primates. De même, dans la lutte soulevée par la découverte du pithecanthropus, *Virchow* s'égara jusqu'aux hypothèses les plus invraisemblables, uniquement pour dénier la signification de ce document et se refuser à y voir le réel membre intermédiaire entre le singe anthropoïde et l'homme.

Aujourd'hui encore, il n'est pas rare d'entendre répéter dans les discussions sur cette importante « question pithécoïde », aussi bien par les profanes que par les anthropologistes qui jugent partialement, cette trompeuse affirmation que la lacune entre l'homme et l'homme pithécoïde n'est pas encore comblée et que le véritable « membre manquant » n'est pas encore trouvé. Cette affirmation est absolument arbitraire et ne témoigne que de l'ignorance des faits anatomiques, embryologiques et paléontologiques, — ou du moins de l'incapacité de l'individu à apprécier la portée phylogénétique de ces faits. En réalité, la chaîne morphologique qui va des demi-singes aux premiers singes occidentaux, de ceux-ci aux singes orientaux pourvus de queue, ensuite aux singes anthropoïdes dépourvus de queue et de ceux-ci directement à l'homme, est ininterrompue et s'offre clairement à tous les yeux. On pourrait bien plutôt parler de membres manquants entre les premiers demi-singes et leurs ancêtres marsupiaux, ou entre ceux-ci et leurs aïeux monotrèmes. Mais, d'ailleurs, ces lacunes sont sans importance, précisément parce que l'anatomie comparée et l'ontogénie, d'accord avec la paléontologie, ont établi *l'unité historique du groupe des mammifères* au-dessus de tous les doutes possibles. On exige ici de la paléontologie une chose insensée : une série de faits positifs sans lacune, qu'elle ne pourra jamais fournir pour des raisons bien connues, à savoir ses nombreuses lacunes et ses documents incomplets.

Il ne nous est plus possible de nous étendre ici sur les recherches toutes récentes et fort intéressantes concernant la question de la descendance du singe ; cela serait, d'ailleurs, de peu d'importance pour le but que nous nous proposons, car toutes les conclusions générales sont d'accord pour faire descendre l'homme des primates, de quelque manière qu'on imagine, hypothétiquement dans le détail, les diverses lignes de l'arbre généalogique du singe. Par contre, une question qui, aujourd'hui, présente encore pour nous le plus grand intérêt, est celle de savoir comment la forme la plus moderne du darwinisme, celle qu'*Escherich* a si bien mise en lumière sous le nom de *théorie ecclésiastique de la descendance* se concilie avec ces questions, les plus importantes du darwinisme? Qu'en dit son représentant le plus avisé, le père Jésuite *Erich Wasmann ?* Le dixième chapitre de son livre, dans lequel il traite très à fond de « l'application de la théorie de la descendance à l'homme » est un chef-d'œuvre de science jésuitique, calculé en vue de déformer les vérités les plus évidentes, et de dénaturer toutes les expériences, si bien qu'aucun lecteur ne puisse arriver à se faire une idée nette. Quand on compare ce dixième chapitre au neuvième et précédent, dans lequel *Wasmann* s'appuyant sur des recherches personnelles tout à fait remarquables avait défendu la théorie de la descendance comme une vérité indéniable, on comprend à peine qu'un seul et même auteur ait écrit les deux chapitres — ou plutôt on le comprend en se plaçant au point de vue de *saint Ignace de Loyola* dont l'ordre a pour règle que « la fin justifie les moyens » et que, pour la gloire de Dieu et de son église, tout mensonge est permis et méritoire.

La sophistique jésuite que *Wasmann* déploie pour sauver la situation exceptionnelle et privilégiée de l'homme dans la nature, et pour démontrer que celui-ci a été directement créé par Dieu aboutit à l'opposition de ses deux natures qui sont l'objet d'appréciations contradictoires. La « conception purement zoologique de l'homme, » claire comme le jour grâce aux comparaisons anatomiques et embryologiques avec le singe, ne doit avoir aucune importance parce qu'elle néglige la chose principale, la « vie spirituelle » de l'homme. Par contre, la « psychologie est autorisée en première ligne à se prononcer sur la nature et l'origine de l'homme. » Tous les faits anatomiques et ontogénétiques que j'ai rassemblés dans mon anthropogénie pour établir la *progonotaxie* ou série des ancêtres de l'homme, sont en partie ignorés de *Wasmann*, en partie par lui déformés ou ridiculisés ; et il en va de même des faits, gros de conséquences, de l'anthropologie, en particulier des organes rudimentaires dont *R. Wiedersheim* a fait ressortir l'importance dans son excellent travail sur « La structure de l'homme, témoignage de son passé. » Il est certain que le père jésuite, en tant que naturaliste, n'est pas compétent sur ce domaine ; il est manifeste que *Wasmann* ne possède, sur l'anatomie comparée et l'ontogénie des vertébrés, que des connaissances très superficielles et insuffisantes. S'il avait étudié la morphologie et la physiologie des mammifères aussi à fond que celle des fourmis, il aurait été amené par un jugement impartial, à cette conclusion que la descendance monophylétique s'imposait pour les premiers aussi indéniable que pour les secondes. Si, comme l'admet *Wasmann*, les quatre mille espèces de fourmis du système ne forment qu'une seule « espèce naturelle, » c'est-à-dire descendent d'une forme originelle commune, il faut admettre absolument la même hypothèse au sujet des six mille espèces de mammifères (deux mille quatre cents espèces encore vivantes et trois mille six cents fossiles) — en y comprenant, bien entendu, l'homme.

Naturellement, les graves reproches que nous sommes obligés de faire aux sophismes et aux paralogismes de cette « théorie ecclésiastique de la descendance » ne concernent ni la personne ni le caractère du père Wasmann, mais le *système des Jésuites*, qu'il défend. Je ne doute pas que cet éminent naturaliste, (que je ne connais pas personnellement) n'ait écrit son livre de bonne foi et qu'il ne s'efforce loyalement de concilier les inconciliables contradictions entre notre évolutionisme naturel et la croyance de l'Eglise en une création surnaturelle. Mais cette conciliation de la raison et de la superstition n'est possible que par le sacrifice de la raison même, par le « sacrificium intellectus ! » Nous constatons, d'ailleurs, la même chose dans l'œuvre de tous les autres jésuites, chez les « Pères » *Cathrein* et *Braun, Besmer* et *Cornet, Linsmeier* et *Muckermann (!)* dont la *science jésuitique*, ambigüe a été exposée très fidèlement et d'une façon parfaite dans l'article déjà mentionné de R. H. Francé, de Münich (numéro 22 de la *Libre Parole*, 16 février 1904, Francfort-sur-le-Mein.)

L'essai intéressant de *Wasmann* n'est d'ailleurs pas

isolé; les symptômes se font au contraire plus nombreux qui tendent à indiquer qu'il s'agit d'une campagne tout à fait systématique de la part de l'ecclesia militans romaine. Le 17 février dernier, je reçus de Vienne la nouvelle que la veille (par hasard le jour de mes 71 ans), le Père Jésuite *Giese*, dans une conférence très applaudie, avait déclaré admettre, non seulement la théorie de la descendance mais encore son application à l'homme, qu'il tenait pour parfaitement conciliable avec les dogmes de la religion catholique — et cela à une réunion très nombreuse de « catéchistes ! » Il importe particulièrement de remarquer que dans un nouveau recueil catholique, la Bibliothèque scientifique de *Benziger*, les trois premiers fascicules traitent, d'une manière très approfondie et très habile, des plus importants problèmes de l'évolutionisme (publiés en 1904 à Einsiedelen et Cologne); le premier est consacré à la formation de la terre, le second à la génération spontanée, le troisième à la théorie de la descendance. L'auteur, le père *M. Gander*, fait les concessions les plus dignes de remarque à notre doctrine de l'évolution, mais il s'efforce en même temps de démontrer que ce qu'il accorde n'est en contradiction, ni avec la Bible, ni avec l'interprétation dogmatique des Pères de l'Eglise et des scolastiques les plus célèbres. Bien qu'il faille reconnaître que la logique sophistique n'a pas été ménagée dans ces raisonnements spécieux et jésuitiques, cependant *Gander*, par ses paralogismes, ne convaincra aucun homme instruit, habitué à penser d'une manière indépendante. Le point de vue où il se place est caractérisé par ceci, que la génération spontanée (conçue comme le développement d'êtres vivants organisés au moyen de processus purement matériels), est chose que la pensée ne peut admettre, mais qui, cependant, « par un arrangement spécial de Dieu, » aurait bien pu être possible. Quant à la provenance de l'homme (qu'il reconnait descendre d'autres animaux), *Gander* fait cette réserve que l'âme, dans chaque cas particulier, a été créée par un acte de création spécial !

Ce serait, de notre part, un effort superflu que de vouloir exposer au grand jour et réfuter scientifiquement, par des arguments rationnels les inexactitudes voulues et les sophismes nombreux de chacun de ces Jésuites modernes, en particulier. Car la terrible puissance de cet ordre, le plus dangereux de tous, consiste précisément en ceci qu'ils adoptent une partie de la science elle-même et s'en servent pour anéantir d'autant plus sûrement l'autre et la plus importante partie. Leur art magistral de la déformation sophistique, leur « probabilisme » ambigü, leur mensongère « Reservatio mentalis », la morale tristement fameuse de *Liguori* et de *Gury*, le cynisme avec lequel ils usent des principes les plus sacrés pour satisfaire leur soif égoïste de domination, tout cela a imprimé aux Jésuites ce caractère sombre que le comte *Hœnsbroech* a eu dernièrement le mérite tout particulier de nous dépeindre.

Le grave péril qui menace la science véritable par l'insinuation de cet esprit jésuite ne saurait être méconnu ; il a été mis nettement en lumière par *Francé*, *Escherich* et autres. Il est d'autant plus grand, à l'heure actuelle, en Allemagne que le Gouvernement et le Reichstag, avec une harmonie regrettable, s'efforcent d'aplanir le chemin aux Jésuites et de procurer à ces mortels ennemis du libre esprit allemand l'influence la plus pernicieuse sur les écoles. Cependant il faut espérer que cette réaction cléricale ne représentera qu'un sombre épisode passager dans l'histoire de la civilisation moderne. Espérons que le résultat durable et favorable en sera l'adhésion à la grande *idée d'évolution* — même de la part des Jésuites ! — *en principe !* Nous pourrons alors demeurer persuadés que la conséquence la plus importante de cette idée, celle en vertu de laquelle l'homme descend d'autres primates, s'imposera bientôt victorieusement et sera reconnue comme une vérité bienfaisante.

III

Troisième Conférence de Berlin.

19 avril 1905.

LA LUTTE SOULEVÉE PAR LA NOTION DE L'AME. IMMORTALITÉ ET CONCEPTION DE DIEU

« Le plus merveilleux des phénomènes de la nature, celui que, conformément à la tradition, nous désignons de ce seul mot *esprit* ou *âme* est une propriété absolument générale des êtres vivants. Dans toute matière vivante, dans tout *plasma*, nous devons reconnaître les premiers éléments de la vie psychique, la sensation sous sa forme la plus simple de *plaisir* et *déplaisir*, le mouvement sous sa forme la plus simple, d'*attraction* et de *répulsion*. Mais les degrés de développement et de complexité de cette « âme » sont très différents ; ils vont de la silencieuse *âme cellulaire* des protistes, par une longue série d'étapes progressives et graduées jusqu'à l'*âme humaine*, consciente et raisonnable. »
Ames cellulaires et Cellules psychiques (1878).
(*Conférences populaires*, vol. I n° 5).

MESDAMES ET MESSIEURS!

Il n'entrait pas dans mes vues de faire encore, après mes conférences du 14 et du 16 avril, une troisième conférence. Si, bien qu'à mon corps défendant, je m'y suis laissé entraîner et si je fais, aujourd'hui, un dernier appel à votre attention, il y a à cela trois motifs. Et d'abord je me suis aperçu à regret et tardivement que dans les deux premières conférences, pressé par le

6

temps, j'avais passé sous silence bien des points importants de mon sujet, ou du moins, que j'en avais parlé insuffisamment; en particulier, la question si importante de l'âme n'a pas été élucidée comme il convenait. En second lieu, j'ai pu me convaincre par les nombreux comptes-rendus publiés ces jours-ci dans les journaux, et qui sont pleins de contradictions, que bon nombre de mes idées, insuffisamment développées ont été mal comprises ou faussement interprétées. Troisièmement, enfin, le devoir semblait s'imposer à moi d'exposer une fois encore, dans cette conférence d'adieu, brièvement et clairement les points principaux qui marquent le passé, le présent et l'avenir de notre doctrine évolutioniste, en montrant leurs rapports l'un avec l'autre et en particulier avec les trois grands problèmes de l'immortalité personnelle, du libre arbitre et d'un Dieu personnel.

Plus encore que lors de mes deux premières Conférences, je serai obligé de faire aujourd'hui appel à la patience et à l'indulgence de l'honorable assemblée. Car pendant ces deux derniers jours, je n'ai pu trouver le temps de préparer cette conférence improvisée. Et la grande imperfection de mon exposé se fera d'autant plus sentir que mon sujet compte parmi les problèmes les plus difficiles et les plus obscurs de la pensée humaine. Dans mes deux derniers ouvrages populaires, sur *Les Enigmes de l'Univers* et *Les Merveilles de la Vie*, j'ai traité d'une façon plus complète la plupart des questions biologiques qu'aujourd'hui je ne ferai qu'effleurer en passant; mais ce à quoi je tiens précisément, c'est à vous présenter cette fois, dans un aperçu général, les arguments puissants mis en campagne par la science naturelle moderne dans le combat qu'elle livre à la superstition régnante en faveur de l'idée d'évolution ; et ce que je tiens aussi à vous montrer, c'est que notre *monisme*, notre conception unifiée de l'Univers répand une entière lumière sur les grands problèmes de Dieu et du monde, de l'âme et de la vie.

J'ai essayé dans mes deux précédentes conférences, de vous donner une idée générale de l'état actuel de la doctrine évolutioniste et du combat victorieux de l'idée d'évolution sur les mythes traditionnels relatifs à la Création. Nous avons acquis la conviction que le plus parfait des organismes, l'homme lui aussi, loin d'être le produit d'un acte surnaturel de création, provenait par un développement graduel d'une longue série d'ancêtres mammifères. En même temps, ce fait important nous est apparu que les mammifères les plus voisins de l'homme, les singes anthropoïdes, présentaient une structure qui, sur les points essentiels, était la même que celle de l'homme et que l'évolution historique par laquelle celui-ci proviendrait de ceux-là pouvait être aujourd'hui considérée comme une hypothèse pleinement démontrée, ou mieux, comme un fait historique ! Mais, dans ces recherches phylogénétiques, nous avions surtout en vue la construction du *corps* et de ses organes particuliers ; en revanche, nous n'avons fait qu'effleurer le développement de l'*esprit* humain, ou de l'âme immatérielle qui, d'après la conception traditionnelle, n'habite le corps que pendant un certain temps. Aujourd'hui, par contre, nous envisagerons en première ligne le développement historique de l'*âme* et nous résoudrons la question de savoir si l'évolution intellectuelle de l'homme est régie, elle aussi, par les mêmes lois naturelles que son développement corporel et si elle est, comme celui-ci, inséparablement liée à l'histoire des autres mammifères.

Dès que nous abordons ce domaine épineux, nous nous heurtons à ce fait étrange qu'aujourd'hui encore, dans nos universités, deux conceptions radicalement différentes de la nature de l'âme ou de la psychologie s'opposent l'une à l'autre. Il y a d'abord, d'un côté, les psychologues métaphysiciens, ceux qu'on appelle les « psychologues de profession. » Ils représentent aujourd'hui encore, cette opinion vieille comme le monde, suivant laquelle l'âme de l'homme est un *être* particulier, un individu spécial, indépendant, qui n'élit sa demeure que passagèrement dans un corps mortel et l'abandonne après la mort pour continuer à vivre sous forme d'esprit immortel. Cette conception dualiste se rattache, comme on sait, aux dogmes de la plupart des religions et elle doit sa haute autorité à ce qu'elle se rattache aux intérêts les plus graves, éthiques, sociaux et pratiques. En philosophie, *Platon* déjà avait fait valoir le dogme de l'immortalité de l'âme. Plus tard, *Descartes* en particulier, lui a donné une importance spéciale; en accordant à l'homme seul une âme proprement dite, tandis qu'il la refusait aux autres animaux.

En face de cette psychologie métaphysique, qui pendant longtemps régna seule, se développa au XVIIIe et plus encore au XIXe siècle, la *psychologie comparée*. Une comparaison impartiale entre les phénomènes psychiques, chez les animaux supérieurs et inférieurs, montra l'existence de nombreuses formes transitoires et intermédiaires ; une longue série de ces intermédiaires relie la vie psychique des animaux supérieurs, d'une part à celle de l'homme, de l'autre à celle des animaux inférieurs. Une ligne de démarcation nette entre l'homme et les autres animaux, telle que *Descartes* la traçait, ne se laisse plus affirmer avec certitude.

Mais le coup le plus rude qui fut porté à la théorie métaphysique régnante lui vint, il y a trente ans, des nouvelles méthodes de la *psychophysique*. Par des expériences ingénieuses, des physiologistes distingués, comme *Th. Fechner* et *E. H. Weber* de Leipzig, montrèrent qu'une partie importante de l'activité intellectuelle peut être aussi exactement mesurée et mathématiquement déterminée que d'autres processus physiologiques, les contractions musculaires, par exemple ; les lois fixes de la physique gouvernent ainsi une partie de la vie psychique, aussi absolument que les phénomènes de la nature inorganique. Sans doute la psychophysique n'a satisfait que partiellement les hautes espérances qui se rattachaient alors à elle et à la portée qu'elle pourrait avoir du point de vue moniste ; mais un fait important reste acquis : c'est qu'une partie de la vie intellectuelle est liée aussi nécessairement aux lois physiques, que tous les autres phénomènes de la nature.

La *psychologie physiologique* fut ainsi, par la psychophysique, élevée au rang de science physique, de science en principe exacte ; mais auparavant déjà elle avait trouvé des fondements très importants dans d'autres domaines de la biologie. La psychologie comparée avait pu retracer la longue série d'intermédiaires qui descend de l'homme aux animaux supérieurs et de ceux-ci jusqu'aux êtres les plus inférieurs. C'est alors qu'au dernier échelon, elle avait rencontré ces êtres merveilleux, invisibles à l'œil nu, et que, sitôt après la découverte du microscope (dans la seconde moitié du XVIIe siècle) on avait découverts partout dans les eaux stagnantes et désignés du nom d'infusoires. La première description exacte et la première classification systématique de ces infusoires sont dûes au célèbre microscopiste berlinois, *G. Ehrenberg*. En 1838, cet infatigable explorateur de la « vie minuscule » publia un grand ouvrage de luxe qui nous exposait, en soixante quatre beaux tableaux, toute la richesse de la vie microscopique et qui passe, aujourd'hui encore, pour constituer la base de nos études sur les protistes. *Ehrenberg* était un observateur très assidu, plein d'imagination et qui savait communiquer à ses élèves son zèle pour l'étude des infiniment petits. Je pense encore avec plaisir aux excursions attrayantes que je faisais étant étudiant, il y a de cela cinquante ans, (pendant l'été de 1854), dans le Tiergarten de Berlin, avec mon maître *Ehrenberg* et quelques-uns de ses élèves, parmi lesquels mon camarade d'études, le célèbre géographe *Ferd. de Richthofen*. Munis de filets très fins et de petits verres nous pêchions, dans les étangs du Tiergarten et dans la Sprée, les milliers de microorganismes invisibles qui, examinés ensuite au microscope, par leurs formes gracieuses et leurs mouvements mystérieux, stimulaient notre désir de nous instruire.

Les conférences dans lesquelles *Ehrenberg* nous exposait la structure et les manifestations vitales de ses

Infusoires étaient, à vrai dire, assez étranges. Il s'était imaginé, en effet, — induit en erreur par la comparaison des véritables infusoires avec les rotifères, animaux microscopiques mais présentant un haut degré d'organisation —, que tous les animaux étaient organisés au même degré et il avait déjà indiqué cette théorie erronée dans le titre de son œuvre : « Les Infusoires et la perfection de leur organisme, aperçu de ce qu'est la vie dans les profondeurs de la nature organique ». Il croyait aussi pouvoir distinguer, dans les plus simples des Infusoires, les mêmes organes distincts que chez les animaux supérieurs : un estomac et un cœur, des ovaires et des reins, des muscles et des nerfs ; il jugeait également de leur activité psychique, en vertu du même « principe d'égale organisation, à lui propre. »

Cette théorie particulière de la vie, exposée par *Ehrenberg*, n'en était pas moins complètement erronée et, dès l'heure de sa naissance (1838) elle fut déracinée par la *théorie cellulaire* qui surgit en même temps qu'elle et avec laquelle elle ne put jamais se réconcilier. Après que *Math. Scheiden,* en ce qui concerne la plante, puis aussitôt après *Th. Schwann* en ce qui concerne l'animal, eurent démontré que tous les tissus et organes consistaient en une agglomération de cellules microscopiques, derniers éléments structurés de l'organisme vivant, cette théorie cellulaire prit bien vite une importance si fondamentale que *Kolliker* et *Leydig* fondèrent sur elle l'histologie moderne et que *Virchow*, en l'appliquant à l'homme malade, put édifier sa pathologie cellulaire : progrès les plus essentiels qu'ait réalisés la médecine moderne. Cependant un temps assez long, s'écoula encore avant que fut résolue la question difficile de savoir comment il fallait concevoir ces microscopiques êtres vivants, du point de vue de la théorie cellulaire. Dès 1845, *Ch. Th. de Siebold* avait soutenu que les Infusoires proprement dits et les rhizopodes, leurs proches parents, étaient des *organismes monocellulaires* et il les avait distingués des autres animaux sous le nom de *protozoaires*. A la même époque, *Ch. Naegeli*, de son côté, décrivait les algues inférieures comme des « plantes monocellulaires ». Mais cette importante conception ne rencontra que plus tard une adhésion universelle, que je contribuai à lui acquérir lorsqu'en 1872 je réunis tous les organismes monocellulaires sous la dénomination de *protistes*, ou êtres primitifs, et que je définis leurs fonctions psychiques par le terme d'*âme cellulaire*.

Ce qui m'amena à m'occuper très particulièrement de ces protistes monocellulaires et de leur âme cellulaire primitive, ce fût l'étude approfondie des *radiolaires*, classe d'organismes extrêmement curieux, microscopiques et vivant en suspension dans la mer; j'ai consacré à les rechercher de tous côtés et à les étudier à fond, plus de trente des meilleures années de ma vie (de 1856 à 1887) et si je suis parvenu finalement, en ce qui concerne toutes les grandes questions de principes biologiques, à une conviction moniste solidement établie, je le dois en grande partie aux innombrables observations et aux réflexions ininterrompues sur les merveilles inouïes de la vie, qui m'ont été suggérées par ces êtres vivants, les plus petits et les plus fins de tous, en même temps que les plus beaux et les plus variés dans leurs formes.

J'avais, en quelque mesure, accepté l'étude des radiolaires comme un legs précieux de mon grand maître, *J. Müller*. Il s'était, pendant les dernières années de sa vie, voué de préférence à des recherches sur cette classe d'animaux (dont on avait seulement découvert quelques espèces l'année même de ma naissance, en 1834) et il en avait fait, en 1855, le groupe spécial des rhizopodes (protozoaires). Son dernier ouvrage, qui ne fut publié qu'un peu après sa mort (1858) et dans lequel sont décrites cinquante espèces de radiolaires, m'accompagna sur la Méditerranée lorsque, pendant l'été de 1859, j'entrepris mon premier voyage de recherches un peu long. J'eus le bonheur de découvrir à Messine, environ cent cinquante espèces nouvelles de radiolaires et de pouvoir bientôt fonder là-dessus ma première monographie de cette instructive classe de protistes (1862). Je ne soupçonnais pas alors que quinze ans plus tard, les trouvailles faites au fond des mers par la célèbre expédition anglaise du « Challenger » me mettraient entre les mains une collection sans prix de ces merveilleux organismes; dans la seconde monographie que j'en donnai (1887), je pus décrire plus de quatre mille espèces différentes de radiolaires et les reproduire, pour la plus grande partie, en cent quarante tableaux. J'ai réuni un choix des plus gracieuses variétés que j'ai présentées en dix tableaux, dans mes « Formes d'art de la Nature ».

Nous n'avons pas aujourd'hui le loisir de nous étendre davantage sur les formes et les phénomènes vitaux divers que présentent les radiolaires, leur importance générale a d'ailleurs été exposée d'une manière fort attrayante, dans différents ouvrages populaires, par mon ami *G. Bolsche*. Je dois me borner ici à faire ressortir les phénomènes généraux qui présentent un intérêt particulier pour l'objet de notre étude, la question de l'âme. Les ravissantes cuirasses siliceuses qui, chez les radiolaires, enferment en le protégeant le corps mou et monocellulaire de l'animal, ne sont pas seulement remarquables par leur délicatesse et leur beauté extraordinaires, mais encore par la régularité géométrique et la stabilité relative de leurs formes. Les quatre mille espèces de radiolaires sont aussi constantes que les quatre mille espèces de fourmis connues; et de même que le Jésuite darwiniste, le *P. Wasmann* a acquis, au sujet de ces dernières la conviction qu'elles dérivent toutes par des transformations jointes à l'hérédité, d'une forme ancestrale commune, — de même, j'ai acquis la conviction tout aussi certaine que les quatre mille variétés de radiolaires provenaient, par l'adaptation jointe à l'hérédité, d'une seule forme ancestrale. Cette *forme ancestrale*, la *radiolaire souche* (Actissa) est une simple cellule sphérique dont le corps mou, fait de plasma vivant, comprend deux parties distinctes : une capsule centrale interne (au milieu de laquelle est le noyau cellulaire, sphérique et solide) et une enveloppe externe gélatineuse (Calymma); de la surface externe de celle-ci rayonnent des centaines ou des milliers de filaments muqueux, prolongements mobiles et sensibles de la substance interne vivante, du plasma (ou protoplasma). Ces délicats filaments microscopiques, sortes de petits pieds (pseudopodes), sont des organes merveilleux, à la fois instruments de la sensation (organes tactiles), du mouvement de déplacement (organes de suspension), et de la construction régulière des enveloppes siliceuses (architectes) ; ils se chargent, en outre, de nourrir le corps monocellulaire et pour cela ils saisissent les infusoires, les diatomées et autres protistes qu'ils amènent à l'intérieur du corps plasmique où cette proie est digérée et assimilée. La reproduction des radiolaires a lieu ordinairement par sporulation ; le noyau cellulaire, à l'intérieur de la sphère plasmique, se subdivise en une multitude de petits noyaux, dont chacun s'entoure d'une parcelle de plasma et forme à son tour une nouvelle cellule.

Qu'est-ce maintenant que ce *plasma* ? Qu'est-ce que cette énigmatique « substance vivante » qui s'offre à nous comme une base matérielle partout où nous voyons se produire les « merveilles de la vie » ? Le plasma, ou « protoplasma » comme le disait déjà très justement *Huxley* il y a trente ans, est la « base physique de la vie organique » — ou, plus nettement encore, la *combinaison chimique de carbone* qui fournit la condition exclusive des divers phénomènes vitaux. Sous sa forme la plus simple, la cellule vivante n'est rien de plus qu'une sphère molle de plasma renfermant un noyau solide ; cette substance nucléaire interne (karyoplasma) diffère un peu chimiquement de la substance cellulaire externe (cytoplasma) ; mais toutes deux sont composées, l'une comme l'autre, de carbone, d'oxygène, d'hydrogène, d'azote et de soufre ; toutes deux appartiennent au groupe merveilleux des albuminoïdes, de ces carbonates azotés, que caractérise l'extraordinaire grandeur de leur molécule et la position des nombreux atomes (plus de mille) qui la constituent.

Il y a cependant des organismes plus simples chez lesquels la différenciation en noyau et substance cellulaire n'est même pas encore effectuée : ce sont les *monères*, que je mentionnais tout à l'heure et dont le corps vivant tout entier n'est qu'un grain de plasma homogène (chromacées et bactéries). Les célèbres *bactéries*, précisément, qui jouent aujourd'hui un rôle si important dans les plus dangereuses maladies infectueuses, comme agents de décomposition et de corruption, nous révèlent d'une manière indubitable que la vie organique tout entière n'est qu'un processus physico-chimique, et n'est point régie par quelque « force vitale » mystérieuse et inconnue.

C'est ce que nous enseignent encore, d'une manière beaucoup plus explicite, nos radiolaires et elles nous montrent en même temps d'une façon nette que l'activité psychique, elle aussi, est un processus physico-chimique pareil aux autres. Car toutes les fonctions différentes de l'*âme cellulaire*, la sensation résultant des diverses excitations, tout comme le mouvement du plasma, la nutrition tout comme la croissance et la reproduction sont subordonnées à la composition chimique particulière qui est propre à chacune des quatre mille espèces ; et cependant celles-ci elles-mêmes ne se sont produites que par l'adaptation, provenant toutes par hérédité de la forme ancestrale commune, de la radiolaire souche, nue et sphérique (Actissa).

Un fait particulièrement intéressant à noter dans la

vie psychique de ces radiolaires monocellulaires, c'est l'extraordinaire capacité de leur *mémoire*. Car la constance relative avec laquelle ces quatre mille espèces se transmettent de génération en génération la forme régulière et souvent très compliquée de leur enveloppe siliceuse, ne peut s'expliquer qu'en admettant que les constructeurs de cette demeure protectrice, les invisibles molécules de plasma des pseudopodes possèdent un délicat « sentiment plastique de la distance » et un souvenir fidèle de l'activité architecturale de leurs ancêtres ; sans cesse, les fins et informes filaments de plasma bâtissent les mêmes ravissantes coquilles siliceuses, avec un grillage régulier, des épines radiales protectrices et des soutiens pour la suspension, qui partent des mêmes points de la surface et forment des rayons équidistants. Déjà le physiologue *E. Hering*, de Leipzig, dans une brochure ingénieuse, mais précisément à cause même de cela peu remarquée, avait désigné, dès 1870 « la mémoire comme une fonction générale de la matière organisée ». Moi-même, en 1875, prenant pour base cette importante donnée, j'avais cherché, dans mon travail sur *La périgénèse des plastidules* à expliquer les rapports moléculaires de l'hérédité, par la mémoire des molécules plasmiques. Tout récemment (1904), un de mes élèves les plus distingués, le professeur *R. Semon*, de Münich, dans un ouvrage de valeur, a examiné longuement « La Mneme, en tant que principe conservateur dans les changements du devenir organique » et il a réalisé l'analyse des phénomènes mécaniques de reproduction, d'une manière convaincante, sur une base nettement physiologique.

La considération impartiale de l'âme cellulaire et de sa mémoire chez les radiolaires et autres protistes monocellulaires, nous conduit immédiatement à leur analogue chez la *cellule-œuf*, ce stade initial monocellulaire de la vie individuelle, d'où sortira chez tous les histones, chez tous les animaux et plantes à tissus, l'organisme compliqué et policellulaire. Notre propre organisme humain, lui aussi, n'est au début de son existence individuelle, qu'une simple sphère de plasma, pourvue d'un noyau, n'ayant qu'un quart de millimètre de diamètre et n'apparaissant que comme un petit point à l'œil nu. Cette *cellule souche* (cytula) se produit à l'instant où l'ovule est fécondé, où la cellule femelle fusionne avec le petit spermatozoïde mâle ; l'ovule transmet par hérédité les qualités personnelles de la mère à l'enfant, le spermatozoïde celle du père — et cette transmission héréditaire porte aussi bien sur les caractères les plus délicats de l'âme que sur ceux du corps. Les recherches modernes sur l'*hérédité*, qui tiennent aujourd'hui tant de place dans la littérature biologique, et dont *Darwin* a été le premier promoteur (1859), se rattachent immédiatement aux processus matériels visibles de la fécondation.

Les phénomènes infiniment intéressants et importants de la *fécondation* ne nous sont connus dans tous leurs détails que depuis trente ans. D'innombrables et minutieuses recherches ont montré, sans exception, que le développement individuel du germe provenant de la cellule souche, ou ovule fécondé, a lieu partout conformément aux mêmes lois. La cellule souche donne bientôt naissance, par des divisions successives, à de nombreuses cellules simples qui servent tout d'abord à construire un petit nombre d'organes primitifs simples, les feuillets germinatifs; plus tard seulement et peu à peu, ils se différencient et donnent naissance aux nombreux organes distincts dont on ne trouverait pas encore la trace dans le germe. La loi fondamentale biogénétique nous apprend comment, alors, les grandes lignes du début de l'histoire de la *race* sont reproduites ou récapitulées par les processus épigénétiques de l'histoire de l'*être individuel* et ces faits à leur tour ne s'expliquent que par la *mémoire inconsciente du plasma*, par la « Mneme de la substance vivante » contenue dans les cellules embryonnaires et surtout dans leurs noyaux.

Le résultat le plus important de ces découvertes modernes, c'est, avant tout, ce fait acquis par la psychologie, que l'*âme personnelle a un commencement déterminé* et qu'il est possible de préciser, à un cheveu près, l'instant auquel la psyche commence d'exister ; c'est, en effet, l'instant où s'opère la fusion des deux cellules-parents, de l'ovule et du spermatozoïde. Ainsi donc, ce que nous appelons « esprit de l'homme » et « âme de l'animal » n'existait pas auparavant, mais se produit, comme un fait nouveau, au moment de la fécondation; c'est chose liée à la constitution chimique du plasma qui, dans les noyaux de l'ovule maternel et du spermatozoïde paternel, est le porteur matériel de l'hérédité. Comment un tel être, qui s'est produit dans le temps, pourra ensuite devenir « immortel » — c'est ce qu'on ne saisit pas.

L'examen comparatif de la simple âme cellulaire, chez les Infusoires monocellulaires, et du rudiment d'âme individuelle dans l'embryon monocellulaire de l'homme et des animaux supérieurs, nous convainc immédiatement que le fait d'avoir une âme n'est pas lié, comme on l'admettait autrefois, à la possession d'un système nerveux développé. Celui-ci fait encore défaut chez beaucoup d'animaux inférieurs et chez toutes les plantes, et néanmoins des formes d'activité psychique sont partout présentes : avant toute autre la sensation, l'excitabilité et l'activité réflexe. Tout plasma vivant est donc animé et, en ce sens, l'âme est une fonction partielle de la vie organique en général. Mais les facultés supérieures de l'âme, en particulier, les manifestations de la conscience ne se développent que peu à peu chez les animaux supérieurs, chez lesquels, (par suite de la division du travail entre les organes), c'est le système nerveux qui accomplit ces fonctions particulières.

Parvenus à ce point, il peut y avoir intérêt pour nous à jeter encore un regard sur le *système nerveux central* des vertébrés, de cette grande famille dont nous nous considérons nous-mêmes comme la floraison suprême et la plus accomplie. Ici aussi, les faits anatomiques et embryologiques nous parlent, mieux que tous les autres, un langage absolument clair et sans ambigüité. Chez tous les vertébrés, depuis les poissons inférieurs jusqu'à l'homme, l'organe de l'âme se présente partout, dans l'embryon, sous la même forme et disposé de la même manière : comme une simple gouttière cylindrique, située du côté dorsal, sur la ligne médiane du corps embryonnaire. La partie antérieure de cette « gouttière médullaire » s'élargit de manière à figurer une vésicule en forme de crosse, l'ébauche du cerveau ; la partie postérieure, plus mince, devient la moelle épinière. La vésicule cérébrale se subdivise, par des étranglements transverses en trois, plus tard en quatre ou cinq vésicules. La plus importante, de beaucoup, est la première, le *cerveau antérieur*, organe de la plus haute activité psychique. Plus l'intelligence se développe, chez les vertébrés supérieurs, plus le cerveau antérieur devient grand, plus son contenu augmente et plus ses diverses parties se différencient. En particulier, sa partie la plus importante, le manteau gris ou écorce cérébrale, atteint, à partir seulement des mammifères supérieurs, ce degré de développement quantitatif et qualitatif qui l'élève au rang d' « organe de l'esprit » proprement dit. Les célèbres découvertes de *Paul Flechsig* (de Leipzig) ont démontré, il y a de cela onze ans, l'existence distincte de huit zones dans l'écorce cérébrale dont quatre zones sensorielles servent à percevoir les sensations internes, tandis que quatre zones intellectuelles (régions d'associations), situées entre les précédentes, sont le siège des opérations intellectuelles supérieures : liaison des impressions, formation des représentations et pensées, induction et déduction. Ce véritable « organe de l'esprit », le *phronema* n'est pas du tout encore développé chez les mammifères inférieurs ; il se forme seulement peu à peu chez les mammifères supérieurs et parallèlement aux progrès de l'intelligence. C'est seulement chez les plus intelligents des placentaliens, d'une part chez les ongulés supérieurs (le cheval, l'éléphant), d'autre part chez les carnassiers (renard, chien) et surtout chez les primates, que le *phronema* atteint ce haut degré de développement qui nous conduit finalement du singe anthropoïde à l'homme primitif et de celui-ci à l'homme civilisé.

Quant à la signification spéciale des diverses parties du cerveau, en tant qu'organes des diverses fonctions psychiques, nous sommes renseignés grâce aux grands progrès de la physiologie expérimentale moderne. Les recherches instructives de *Goltz, Munk*, *Bernard* et de beaucoup d'autres physiologistes ont montré que la conscience normale, le langage, la perception interne sont liés à certains domaines déterminés de l'écorce cérébrale et que ces diverses *parties de l'âme* sont anéanties par la destruction de leurs organes respectifs. Les expériences les plus instructives ont d'ailleurs été réalisées inconsciemment par la nature elle-même. Car les maladies de ces divers domaines nous apprennent comment la destruction partielle ou totale des cellules cérébrales qui les constituent (neurones ou cellules ganglionnaires), entraîne la suspension partielle ou totale de leurs fonctions. Sur ce point encore, c'est *Virchow* qui a ouvert la voie, car le premier, il a examiné minutieusement, au microscope, les changements les plus délicats des cellules malades et expliqué par là toute la pathologie. Je me rappelle avec précision, aujourd'hui encore, une observation qui fit sur moi la plus profonde impression (cela se passait pendant l'été de 1855, à Würzbourg). Dans le cerveau d'un aliéné, qui ne présentait rien de particulier à un examen superficiel, le regard pénétrant de *Virchow* avait remarqué une petite tache suspecte; lorsqu'il me la confia pour que je l'examine au microscope, j'y trouvai une grande partie des cellules ganglionnaires altérées, ayant subi une dégénérescence en partie graisseuse, en partie calcaire. Les remarques instructives que mon grand maître put faire avec certitude sur ce cas et sur celui d'autres aliénés implantèrent en moi, dès lors, cette ferme conviction de l'unité de l'organisme humain, de la liaison indissoluble de l'esprit et du corps qu'il soutenait lui-même alors avec sa froide raison. Si *Virchow*, vingt ans après, (en particulier depuis son discours de 1877, à Münich), a sacrifié cette conception moniste de la vie de l'âme au dualisme et au mysticisme régnants, ce revirement s'explique tant par la métamorphose psychologique accomplie en lui que par les motifs politiques exposés par moi dans ma conférence précédente.

Nous trouvons une série d'autres témoignages importants en faveur de notre psychologie moniste, dans l'*évolution individuelle* de l'âme chez l'enfant et chez les jeunes animaux. Nous savons que le nouveau-né ne possède encore ni conscience, ni intelligence, ni jugement ou pensée personnelle. Nous pouvons suivre pas à pas le développement graduel de ces fonctions psychiques supérieures, au cours des premières années de la vie, et constater qu'il est constamment parallèle au développement anatomique de l'écorce cérébrale auquel il est lié. Les recherches sur l' « âme de l'enfant », commencées à Iéna il y a vingt-cinq ans, par *W. Preyer*, ses minutieuses « Observations sur le développement intellectuel de l'homme pendant les premières années de sa vie », ainsi que les travaux complémentaires de divers physiologistes modernes ont encore confirmé, par l'ontogénie, le fait que l'âme n'est pas un être immatériel spécial, mais la somme d'un certain nombre de fonctions cérébrales liées ensemble. Quand meurt le cerveau, l'âme, du même coup, atteint sa fin.

D'autres témoignages à l'appui de cette thèse nous sont fournis par la *phylogénie de l'âme*, telle qu'elle ressort de la psychologie comparée des mammifères inférieurs et supérieurs, des peuples primitifs et civilisés. L'ethnographie moderne nous présente, aujourd'hui encore, à côté les uns des autres, les niveaux les plus divers de hauteur intellectuelle. Les peuples les plus primitifs, les Weddas de Ceylan, les Nègres d'Australie, ne dépassent que fort peu la vie psychique des singes anthropoïdes les plus rapprochés d'eux; les sauvages supérieurs nous conduisent peu à peu, en passant par le stade intermédiaire des barbares, aux peuples civilisés et de ceux-ci aux nations parfaitement cultivées. Mais ici encore, quel abîme se révèle entre le génie d'un Gœthe, d'un Lamarck ou d'un Darwin et un philistin ordinaire ou un bureaucrate de troisième ordre! Toutes ces expériences concordent pour nous convaincre que l'âme humaine, elle aussi s'est développée phylogénétiquement pour s'élever avec le temps à la hauteur où elle est aujourd'hui, — qu'elle ne diffère pas qualitativement, mais seulement quantitativement de l'âme des mammifères supérieurs, — et que, par suite, elle ne saurait, en aucun cas, être immortelle.

Si, en dépit de cette évidence nette, un si grand nombre de savants, aujourd'hui encore, demeurent attachés au dogme de l'*immortalité personnelle*, cela s'explique par la puissance inouïe de la tradition conservatrice et par cette regrettable circonstance pédagogique que, dès la plus tendre jeunesse, on imprime de force à la raison naissante ces inadmissibles articles de foi. Et c'est bien précisément pour cela que l'Eglise et sa plus belliqueuse cohorte, le noir troupeau des Jésuites, veulent à tout prix garder en mains l'école : ils peuvent ainsi dominer et exploiter sans ménagement les adultes, après que la pensée et le jugement personnels ont été de bonne heure étouffés chez l'enfant.

Nous nous heurtons ici à une question intéressante, celle de savoir comment s'accorde avec ce problème de l'âme, la théorie de la descendance selon l'Eglise et les Jésuites (le « Darwinisme sous son aspect le plus récent »)? L'homme, fait à l'image de Dieu, est selon *Wasmann*, un être absolument à part, qui se distingue de tous les autres animaux par la possession d'une âme immortelle et qui, à cause de cela déjà, doit avoir une tout autre origine. L'âme immortelle de l'homme, d'après la doctrine jésuitique et sophistique de l'auteur, est « spirituelle-sensuelle », tandis que celle des animaux est « purement sensuelle », sans esprit. Dieu a implanté en l'homme son propre esprit et l'a lié à une âme animale pour le temps de l'existence. Cependant *Wasmann* soutient que le corps de l'homme a été, lui aussi, immédiatement créé par Dieu ; mais, d'autre part, en face des preuves écrasantes qui établissent que l'homme descend du singe, il admet comme possible que le corps humain soit l'aboutissant immédiat d'une série d'autres animaux, grâce à des transformations graduelles : plus tard seulement l'esprit divin aurait été insufflé à ce corps. Les Pères de l'Eglise chrétienne, qui se sont beaucoup occupés de l'introduction de l'âme dans l'embryon humain, nous enseignent que l'âme immortelle pénètre dans l'embryon dénué d'âme quarante jours après la fécondation de l'œuf, s'il s'agit d'un garçon, mais s'il s'agit d'une fille, quatre-vingts jours seulement après les phénomènes indiqués. Si *Wasmann* adopte cette introduction de l'âme en ce qui concerne également le développement de l'espèce, il doit postuler, dans la phylogénie des singes anthropoïdes, un moment historique auquel Dieu aurait inoculé son esprit à l'âme du singe, jusqu'alors dépourvue de spiritualité.

Considérée impartialement, à la lumière de la raison pure, cette croyance à l'immortalité est manifestement en contradiction insoluble avec les faits de l'évolutionnisme, comme avec ceux de la physiologie. Le dogme ontogénétique de l'ancienne Eglise, d'après lequel l'âme aurait été « introduite » dans le corps sans âme de l'embryon, à un moment précis de son développement, est tout aussi absurde que le dogme phylogénétique des Jésuites modernes, d'après lequel l'esprit de Dieu aurait été « insufflé » au corps sans âme du singe anthropoïde, à un moment précis de l'histoire de l'espèce (pendant la période tertiaire?), moment auquel serait alors apparue l'âme immortelle de l'homme. On pourra envisager et examiner sur tous les points ce dogme favori de l'athanisme ; partout il apparaîtra comme une *superstition* mystique; l'incroyable puissance de la tradition le maintient seule en vigueur, jointe à la puissance des gouvernements conservateurs, dont les chefs, d'ailleurs, pour la plupart, ne croient pas personnellement à ces soi-disant « révélations », mais demeurent convaincus, en pratique, que « le trône et l'autel » doivent se soutenir mutuellement; —

malheureusement, ils n'oublient qu'une chose, c'est qu'en général le trône devient bientôt le tabouret de l'autel et que l'Eglise exploite l'état, non pour son avantage à lui, mais dans son propre intérêt à elle-même.

L'histoire de l'athanisme nous apprend d'ailleurs que la croyance à l'immortalité n'a trouvé accès dans la science que relativement tard. On ne la rencontre pas dans les conceptions monistes des grands philosophes de la nature qui, en Grèce, six cents ans avant J.-C. ont pénétré le plus profondément l'essence véritable du monde : on ne la rencontre ni chez Démocrite, ni chez Empédocle, ni chez Sénèque, ni chez Lucrèce; on ne la rencontre pas dans les anciennes religions orientales, pas plus dans le bouddhisme ou dans l'ancienne religion populaire des Chinois, que dans la doctrine ultérieure de Confucius; bien plus, dans les cinq livres de Moïse et dans les premières Ecritures qui composent l'ancien Testament, (celles qui ont été écrites avant la captivité de Babylone), il n'est pas question de l'immortalité personnelle de l'homme. Les premiers, *Platon* et son élève *Aristote* établirent le dogme de la double nature de l'homme sur leur métaphysique dualiste et ce dogme, rattaché plus tard aux doctrines du *Christ* et de *Mahomet*, prit la plus grande extension.

A côté de la croyance à l'immortalité de l'âme, il est un autre dogme psychologique qui, pas plus que le premier, ne peut se concilier avec l'idée moderne de l'évolution, c'est la croyance au *libre arbitre* de l'homme. La physiologie moderne nous convainc, d'une façon claire et qui ne laisse pas de doute, que la volonté, chez l'homme comme chez l'animal, n'est jamais réellement libre, mais déterminée par l'organisation du cerveau, et celle-ci à son tour, dans ses propriétés individuelles est soumise d'une part aux lois de l'hérédité, de l'autre à l'influence de l'adaptation. C'est seulement parce que la liberté *apparente* de la volonté est d'une si extraordinaire importance pratique dans le domaine de la religion et de la morale, de la sociologie et de la jurisprudence, qu'elle continue de faire l'objet des affirmations les plus contradictoires. En théorie, le *déterminisme*, la conviction que toutes nos actions volontaires s'enchaînent étroitement — est depuis longtemps établi.

La croyance à la liberté absolue de la volonté et à l'immortalité personnelle de l'âme, s'accompagne, aujourd'hui encore, chez beaucoup de gens des plus cultivés, d'un troisième article de foi : la croyance en un *Dieu personnel*. Comme on sait, cette pieuse croyance, dont on fait souvent à tort une pierre fondamentale de toute religion, est l'objet d'interprétations indéfiniment variées. Cependant la plupart ont un trait commun, qui est l'anthropomorphisme avoué ou dissimulé. Dieu est conçu comme un « Etre suprême », qui, si on l'examine de plus près, se révèle comme un homme idéalisé. Tandis que, d'après le récit mosaïque de la création, « Dieu créa l'homme à son image », de fait c'est le plus souvent le contraire qui a lieu : « L'homme crée son Dieu à son image ». Cet *homme idéalisé* en tant que démiurge, construit le monde, ainsi qu'un grand architecte, il façonne les diverses espèces d'animaux et de plantes, ainsi qu'un statuaire, il régit le monde ainsi qu'un sage et tout-puissant monarque, et au jour du « Jugement dernier », il dispense aux bons les récompenses, aux méchants les châtiments, ainsi qu'un juge équitable. Les idées enfantines qu'on s'était faites de ce Dieu extra-mondial, qui s'opposait au monde matériel comme un être indépendant, de ce créateur personnel, qui maintenait et gouvernait l'Univers, — sont complètement inconciliables avec les progrès accomplis dans la connaissance de la Nature au XIXe siècle, en particulier avec ses deux grands triomphes : la *loi de substance* et la doctrine moniste de l'*évolution*.

Mais la philosophie critique, elle aussi, a depuis longtemps prononcé son arrêt de mort. Avant tout, notre célèbre philosophe critique, *E. Kant* dans sa *Critique de la raison pure*, a démontré que la science, qui ne présuppose rien, ne peut découvrir aucune preuve de l'existence des trois grands dogmes centraux de la métaphysique : un Dieu personnel, l'immortalité de l'âme et le libre arbitre. Il est vrai que plus tard (au cours d'une métamorphose dualiste et dogmatique), le même *Kant* a déclaré que nous devions *croire* à l'existence de ces trois grandes puissances mystiques et qu'elles constituaient des postulats indispensables de la raison *pratique;* à celle-ci, d'ailleurs incombait le primat sur la raison pure. La métaphysique allemande moderne, qui vante « le retour à *Kant* » comme la suprême sagesse, voit précisément dans cette impossible réunion des deux pôles contraires, le suprême mérite du philosophe. Cette opposition diamétrale des deux raisons, chez le grand métaphysicien de Konigsberg, dont conviennent tous les kantiens loyaux, satisfait pleinement la belliqueuse Eglise et son alliée, l'autorité gouvernementale.

La première utilise l'imprécision qui résulte du conflit pour rejeter le flambeau de la foi dans l'obscurité de la raison en proie au doute, et prétend par là sauver la *religion*.

Puisque nous abordons ici l'important domaine de cette *religion*, notre premier devoir est de réfuter le reproche qu'on nous a souvent adressé et qu'on a repris ces jours-ci avec une particulière insistance, à savoir que notre philosophie moniste et son principal fondement, l'idée d'évolution, détruisaient la religion. Notre philosophie n'est une ennemie que pour ces formes inférieures de religion, fondées sur la superstition et l'ignorance et qui, par un formalisme vide, par la croyance au surnaturel, veulent opprimer la raison humaine afin de la dominer et de l'exploiter dans un but politique. C'est, au suprême degré, le cas du *papisme* ou ultramontanisme, cette odieuse caricature du pur christianisme, qui de nos jours joue encore une fois un rôle si important. Notre grand réformateur, *Martin Luther*, se redresserait dans son tombeau s'il voyait la prépondérance actuelle dans l'Empire allemand, du centre romain. De fait, c'est le pape de Rome, l'ennemi naturel et mortel de l'Empire allemand protestant, qui en dirige les destinées et le parlement allemand se soumet volontairement à la direction des Jésuites. Ce lamentable parlement allemand, qui devrait être la véritable représentation de la nation intelligente et cultivée, réclame la suppression de la loi contre les Jésuites et abandonne les intérêts les plus sacrés de la liberté de penser. Aucun de ces représentants de la nation ne s'avise de réclamer, au Reichstag, la suppression des trois institutions les plus dangereuses et les plus funestes au bien public qu'ait créées le papisme romain : le célibat obligatoire du clergé catholique, la confession auriculaire et le commerce des indulgences. Bien que ces institutions tardives de l'Eglise romaine n'aient rien à voir avec l'organisation primitive de l'Eglise des vieux catholiques et du christianisme pur, bien que leurs conséquences immorales soient connues de tous comme préjudiciables à la famille et à l'état, elles subsistent cependant, aujourd'hui encore, comme avant la Réforme. Plus d'un prince protestant encourage, malheureusement, l'arrogance du clergé ultramontain en ce sens qu'il va faire à Rome le « Voyage de Canossa » et courber le genou devant le grand charlatan du Vatican.

Il est également fort regrettable que le goût croissant pour le luxe extérieur et la pompe fastueuse, caractéristiques des soi-disant « mœurs nouvelles », portent un grave préjudice à la véritable religion intérieure. Rien ne témoigne d'une façon plus frappante de cet esprit d'ostentation de la part de l'Eglise, que la splendide cathédrale nouvelle, de Berlin, qu'on prendrait pour une église catholique et non pour un temple protestant. Dans l'Inde, j'ai souvent rencontré des prêtres et des pèlerins qui croyaient faire plaisir à leur Dieu en tournant des roues de prières, ou bien en dressant des moulins de prières qui, lorsque le vent était favorable, mettaient en mouvement ladite roue. On pourrait introduire, dans le même but, l'usage de l'invention moderne des automates : dans la cathédrale de Berlin, on placerait des prieurs automatiques, ou des indulgences automatiques qui pour un mark rachèteraient les péchés véniels, pour vingt marks les péchés mortels. Cette combinaison fournirait d'importants revenus à l'Eglise militante, surtout si on l'appliquait aussi dans les nombreuses autres églises neuves de Berlin, qui ont été construites en ces derniers temps au prix de plusieurs millions. Ces grosses sommes auraient été mieux employées au profit des écoles.

Si je me permets ici de faire loyalement quelques remarques sur le caractère odieux de l'orthodoxie et de la bigoterie modernes, mon attitude paraîtra un moyen de défense bien légitime contre les attaques auxquelles, depuis quarante ans, je suis en butte et qui, ces jours-ci précisément, sont reprises et dirigées contre moi avec une violence particulière. Les porte-paroles de l'orthodoxie catholique et évangélique, à leur tête la « Germania » romaine et le « Messager de l'empire », luthérien, ont rivalisé de zèle pour déplorer, comme une « profanation de cette salle, lieu de tous temps respectable », les conférences que je fais à la Sing-Akadémie, et pour flétrir la doctrine de l'évolution que j'y enseigne, — cela, naturellement, sans fournir la moindre réfutation des vérités biologiques sur lesquelles se fonde cette doctrine. Les orthodoxes « enfants de Dieu », remplis de l'esprit chrétien d'amour du prochain, ont même trouvé bon de placer, à l'entrée de cette salle, des porteurs d'affiches qui distribuaient aux auditeurs, lorsque ceux-ci entraient, des feuilles injurieuses, pleines des plus grossières attaques contre ma personne et contre la science que je sers. On y exploitait largement, entre autres, les insultes et les calomnies fanatiques semées par le prédicateur du tribunal suprême, *Stocker*, le théologien *Loofs*, le philologue

Dennert et autres adversaires de mes *Enigmes de l'Univers*, auxquels j'ai répondu quelques mots dans l'appendice qui fait suite à ces conférences. Je rejette purement et simplement les nombreux mensonges de ces pieux champions de Dieu ; nous autres naturalistes, nous avons de la *vérité* une autre conception que celle qui règne dans les milieux ecclésiastiques (13).

Je voudrais ajouter encore un mot sur la question des rapports de notre connaissance de la nature avec le *christianisme* et je remarquerai simplement que la première est inconciliable avec les dogmes mystiques et la croyance au surnaturel du second, mais qu'elle reconnaît pleinement la haute valeur éthique de la morale chrétienne. Il est vrai que les préceptes les plus élevés de cette religion, la pitié et l'amour du prochain en premier lieu, ne sont pas des découvertes nouvelles du christianisme, mais étaient déjà enseignés et pratiqués, comme la « règle d'or » de la morale, bien des siècles avant J.-C. Au christianisme revient pourtant le mérite de les avoir prêchés et développés d'une façon plus chaleureuse ; en outre, il a agi victorieusement en son temps sur les progrès de la civilisation, bien qu'ensuite, le papisme du Moyen-Age, avec l'Inquisition, les procès de sorcellerie, les bûchers et les guerres de religion ait fourni le plus sanglant antipode à la douce religion de l'amour. Quant au *christianisme historique* orthodoxe, il n'a pas été ruiné directement par les sciences naturelles modernes, mais par les honnêtes et érudits *théologiens* eux-mêmes. Déjà le protestantisme éclairé qui, ici même à Berlin, atteignit il y a quatre-vingts ans, grâce à *Schleiermacher* une si haute valeur, plus tard les œuvres de *Feuerbach*, les recherches sur la vie de Jésus de *D. Strauss* et *Renan*, plus récemment les conférences faites ici même par *Delitzsch* et *Harnack* — ont laissé bien peu de chose debout de ce que l'orthodoxie sévère maintient comme base indispensable du christianisme historique. *Kalthoff*, de Brême, va même jusqu'à déclarer que toutes les traditions chrétiennes sont des mythes et que le développement du christianisme est un produit nécessaire de la civilisation de l'époque.

En regard de ces puissantes tendances rationalistes de la théologie et de la philosophie au début du xxe siècle, il y a lieu de déplorer sous bien des rapports comme un triste anachronisme que, dans les deux plus grands états allemands, la Prusse et la Bavière, les ministères influents de l'instruction naviguent en plein dans l'eau trouble de l'Eglise romaine et cherchent à en implanter l'esprit jésuite dans l'enseignement primaire comme dans le supérieur. Il n'y a pas plus de quelques semaines, le ministère prussien des cultes — un des plus arriérés, dans l'histoire de l'enseignement en Allemagne — faisait à nouveau des tentatives dangereuses pour opprimer la liberté académique, palladium de la vie intellectuelle en Allemagne. Cette croissante réaction intellectuelle dans « l'Empire allemand de l'esprit romain », fait songer à ces tristes époques du xviiie et du xixe siècles où des milliers de citoyens allemands parmi les meilleurs, les plus honnêtes et les plus doués émigraient vers l'Amérique du Nord afin d'y pouvoir, sans entrave, déployer dans un air libre, leurs forces intellectuelles. Si ce processus de sélection a été positivement profitable aux Etats-Unis, son action, en revanche, a été incontestablement très désavantageuse pour notre patrie allemande. Une quantité de caractères serviles, d'individus incapables, cupides et rampants se sont trouvés, par suite, conservés et se sont propagés. Les idées fossiles de beaucoup de nos juristes, parmi ceux qui donnent le ton, nous semblent aujourd'hui reculer souvent jusqu'à la période crétacée ou jurassique, tandis que les déclamations paléozoïques de beaucoup de théologiens et de synodes nous reportent même jusqu'aux périodes permienne et carbonifère.

Nous ne devons cependant pas prendre trop au sérieux les craintes que pourraient nous inspirer les progrès de la réaction politique et religieuse. Songeons à la puissance inouïe de culture que représente aujourd'hui le commerce international, si colossal, et fions-nous à l'échange de pensées libérateur que rendent chaque jour possible des milliers de lignes de chemin de fer et de bateaux à vapeur qui unissent l'Orient à l'Occident. Chez nous aussi, en Allemagne, l'obscurité aujourd'hui régnante devra céder devant les rayons du soleil revenu et c'est à quoi, j'en ai la ferme conviction, le triomphe inévitable de l'idée d'évolution contribuera puissamment (14).

A côté de la loi d'évolution et en étroit rapport avec elle, on peut considérer comme le suprême triomphe de la science moderne la toute-puissante *loi de substance*, la loi de conservation de la matière (*Lavoisier*, 1789) et de la conservation de la force ou énergie (*Robert Mayer*, 1842). Ces deux grandes lois sont en contradiction manifeste avec les trois grands *dogmes centraux de la métaphysique*, que la plupart des gens cultivés considèrent aujourd'hui encore comme les trésors les plus précieux de leur vie intellectuelle supérieure : la croyance en un Dieu personnel, à l'immortalité personnelle de l'âme et à la liberté de la volonté humaine. Mais ces trois précieux objets de foi, intimement reliés à d'innombrables et nobles créations de l'esprit ou institutions de la civilisation, ne disparaîtront pas pour cela ; ils seront seulement supprimés, en tant que vérités, du domaine de la *science* pure. En revanche, ils subsisteront, précieux produits de la fantaisie, dans le *domaine de la poésie.* Là, non seulement, comme ils l'ont fait jusqu'ici, ils fourniront par milliers les motifs les plus beaux et les plus élevés à toutes les branches de l'*art*, architecture, sculpture, musique et poésie, mais ils conserveront, en outre, une haute valeur éthique et sociale dans l'éducation de la jeunesse et l'organisation de la société. Ainsi que les légendes de l'antiquité classique (par exemple la superbe légende d'Hercule, ou l'Iliade et l'Odyssée) ou l'histoire de *G. Tell*, nous fournissent une quantité de modèles artistiques et éthiques, de même, les légendes de la mythologie chrétienne auront, longtemps encore, une destinée analogue ; il en va de même des créations poétiques et fantaisistes d'autres religions, qui ont donné les formes les plus diverses aux notions transcendantes de Dieu, de la liberté et de l'immortalité.

Et ainsi, à l'avenir, l'*art* si noble et propre à échauffer les cœurs demeurera à côté de la *science*, rayonnante et lumineuse — non pas en opposition, mais en harmonie avec elle, — la plus précieuse possession de l'esprit humain. Une fois de plus, la parole de Gœthe se trouvera confirmée :

« Celui qui possède la science et l'art.

« Celui-là a également de la religion !

« Celui qui ne possède ni l'une ni l'autre de ces deux biens,

« Que celui-là ait de la religion ! »

Notre *Monisme* — « en tant que lien entre la religion et la science » — comprendra en ce sens, tout ensemble « Dieu et le monde », selon une vérité que le grand *Spinoza* avait déjà clairement exprimée et sur laquelle *Giordano Bruno* avait apposé un sceau en mourant dans les flammes. On a, dans ces derniers temps, soutenu à diverses reprises, que *Gœthe* avait été un « chrétien croyant » et un orateur célèbre a même invoqué, ici à Berlin, il y a de cela quelques années, le témoignage de notre plus grand poète, en faveur des dogmes merveilleux de la confession chrétienne. En présence de ces faits, il convient de rappeler que *Gœthe* lui-même s'est donné expressément comme un « Non chrétien décidé » ; le « grand païen de Weimar » a formulé, précisément, sa profession de foi panthéiste avec le plus de netteté dans ses plus belles œuvres poétiques : dans *Faust*, dans *Prométhée*, dans *Dieu et le monde*. Comment au reste, un si puissant penseur, dans la pensée duquel le développement de la vie organisée n'avait pu se faire qu'à travers des millions d'années, — aurait-il pu adopter la croyance bornée en un juif, prophète et enthousiaste qui, il y a dix neuf cents ans a voulu racheter l'humanité par sa mort volontaire ?

Notre *Dieu moniste*, en tant qu'être universel, embrassant le Cosmos, tout entier — le « *Dieu Nature* » de *Spi-*

noza et *Gœthe* — est identique à l'*énergie* éternelle qui anime toutes choses et loin d'être étranger et hostile à la *matière*, qui remplit l'espace, il lui est uni pour former avec elle la *substance* éternelle et infinie ; il « vit et existe en toutes choses », comme dit aussi l'Evangile. Puisque nous constatons que la *loi de substance* a une valeur absolument universelle, que la conservation de la force et celle de la matière (de l'énergie et de la matière) sont inséparables, — puisque nous constatons, en outre, que l'évolution ininterrompue de cette substance est soumise aux mêmes « éternelles, grandes lois d'airain », nous pouvons conclure que Dieu se trouve dans la *loi naturelle* elle-même. La volonté de Dieu agit selon des lois, aussi bien dans la goutte de pluie qui tombe et dans le cristal qui se développe, que dans le parfum de la rose et dans l'esprit de l'homme. Et ainsi, en fin de compte, nous en revenons toujours à cette sublime parole que le plus grand de nos génies allemands, *W. Gœthe*, nous a proposée comme suprême expression de la sagesse divine,

« Que serait-ce qu'un Dieu qui ne ferait qu'imprimer le mouvement du dehors,

« Qui ferait tourner le monde en le poussant du doigt !

« Ce qui lui sied, c'est de mouvoir l'univers du dedans,

« D'enclore la Nature en lui, de se perdre lui-même dans la Nature.

« De telle sorte qu'à rien de ce qui vit, s'agite, existe en lui,

« Ne manque sa force, ne fasse défaut son esprit. »

1. Epoques et périodes de l'histoire de la terre.

Ages de l'histoire organique de la Terre.	Périodes de l'histoire organique de la Terre.	Pétrifications de vertébrés.	Durée approximative des époques paléontologiques.
I. Age archozoïque. (âge primordial.) Prédominance des Invertébrés.	1. Période Laurentienne. 2. Période des algues. 3. Période cumbrienne.	Les restes fossiles de vertébrés font encore complètement défaut.	52 millions d'années 63.000 pieds d'épaisseur dans les terrains de sédiment.
II. Age paléozoïque. (âge primaire.) Prédominance des Poissons.	4. Période silurienne. 5. Période dévonienne. 6. Période carbonifère. 7. Période Permienne.	Poissons. Dipneustes. Amphibies. Reptiles.	34 millions d'années 41.x00 pieds d'épaisseur dans les couches de sédiment
III. Age mésozoïque. (âge secondaire.) Prédominance des Reptiles.	8. Période triasique. 9. Période jurassique. 10. Période crétacée.	Monotrêmes. Marsupiaux. Mallothériens.	11 millions d'années 12.200 pieds d'épaisseur dans les couches de sédiment.
IV. Age cénozoïque. (âge tertiaire.) Prédominance des Mammifères.	11. Période éocène. 12. Période oligocène. 13. Période miocène. 14. Période pliocène.	Prosimiens. Cynopithèques. Anthropoïdes. Pithecanthropes.	3 millions d'années. 3.600 pieds d'épaisseur dans les couches de sédiment.
V. Age anthropozoïque. (âge quaternaire.) Prédominance de l'Homme.	15. Période glaciaire. 16. Période post glaciaire.	Hommes primitifs Sauvages. Barbares. Plus tard hommes civilisés.	300.000 ans. Faible épaisseur dans les couches de sédimemt.

1. SYSTÈME DES PRIMATES

N. B. — + signifie formes éteintes, — V groupes encore vivants, — ◘ représente la forme ancestrale hypothétique. Voir mon Histoire de la création naturelle (trad. fr. pages 533 et 560), et mon Anthropogénie (trad. fr. page 324).

Ordres	Sous-ordres	Familles	Genres
I. **Prosimiæ** Lémuriens (*Hemipitheci* vel *Lemures*) Orbite incomplètement séparée de la fosse temporale par un arc osseux. Utérus double ou bicorne. Placenta le plus souvent diffus et dépourvu de caduque. Cerveau relativement petit, lisse ou faiblement sillonné.	1. **Lemuravida** (*Palalemures*) Lémuriens anciens (généralistes) Au début, griffes à tous les doigts ou à la plupart. Plus tard formation progressive d'ongles. Tarse à conformation primitive.	1. **Pachylemures** + (*Hyopsodina*) Dent. (44) = $\frac{3\cdot1\cdot4\cdot3}{3\cdot1\cdot4\cdot3}$ Dentition primitive	*Archiprimas* ◘ *Lemuravus* + Eocène ancien *Pelycodus* + Eocène ancien *Hyopsodus* + Eocène récent
		2. **Necrolemures** + (*Anaptomorpha*) Dent. (40) = $\frac{2\cdot1\cdot4\cdot3}{2\cdot1\cdot4\cdot3}$ Dentition réduite	*Adapis* + *Plesiadapis* + *Necrolemur* +
	2. **Lemurogona** (*Neolemures*) Lémuriens modernes (spécialistes) D'ordinaire, tous les doigts pourvus d'ongles (à l'exception du 2me orteil). Tarse modifié.	3. **Autolemures** V (*Lemurida*) Dent. (36) = $\frac{2\cdot1\cdot3\cdot3}{2\cdot1\cdot3\cdot3}$ Dentition spécialisée	*Eulemur* *Hapalemur* *Lepilemur* *Nycticebus* *Stenops* *Galago*
		4. **Chirolemures** V (*Chiromyida*) Dent. (18) = $\frac{1\cdot0\cdot1\cdot3}{1\cdot0\cdot0\cdot3}$ Dentition de rongeurs	*Chiromys* (Griffes à tous les doigts, excepté au gros orteil)
II. **Simiæ** Singes (*Pitheci* vel *Pithecales*) Orbite entièrement séparée de la fosse temporale par une cloison osseuse. Utérus simple, pyriforme. Placenta discoïde pourvu d'une caduque. Cerveau relativement grand, à circonvolutions bien marquées.	3. **Platyrrhinæ** Singes à nez aplati (*Hesperopitheca*) Singes occidentaux (Amérique) Narines latérales, séparées par une large cloison. 3 *Prémolaires*	5. **Arctopitheca** V Dent. (32) = $\frac{2\cdot1\cdot3\cdot2}{2\cdot1\cdot3\cdot2}$ Ongle seulement au gros orteil.	*Hapale* *Midas*
		6. **Dysmopitheca** V Dent. (36) = $\frac{2\cdot1\cdot3\cdot3}{2\cdot1\cdot3\cdot3}$ Ongles à tous les doigts.	*Callithrix* *Nyctipithecus* *Cebus* *Mycetes* *Ateles*
	4. **Catarrhinæ** Singes à nez étroit (*Eopitheca*) Singes orientaux (Arctogaea) Europe, Asie et Afrique Narines antérieures, à cloison étroite. 2 *Prémolaires*. Ongles à tous les doigts	7. **Cynopitheca** V Dent. (32) = $\frac{2\cdot1\cdot2\cdot3}{2\cdot1\cdot2\cdot3}$ D'ordinaire pourvus d'une queue et de bajoues. Sacrum à 3 ou 4 vertèbres.	*Cynocephalus* *Cercopithecus* *Inuus* *Semnopithecus* *Colobus* *Nasalis*
		8. **Anthropomorpha** V Dent. (32) = $\frac{2\cdot1\cdot2\cdot3}{2\cdot1\cdot2\cdot3}$ Ni queue ni bajoues. Sacrum à 5 vertèbres.	*Hylobates* *Satyrus* *Pliopithecus* *Gorilla* *Anthropithecus* *Dryopithecus* + *Pithecanthropus* +

2. Arbre généalogique des Primates.

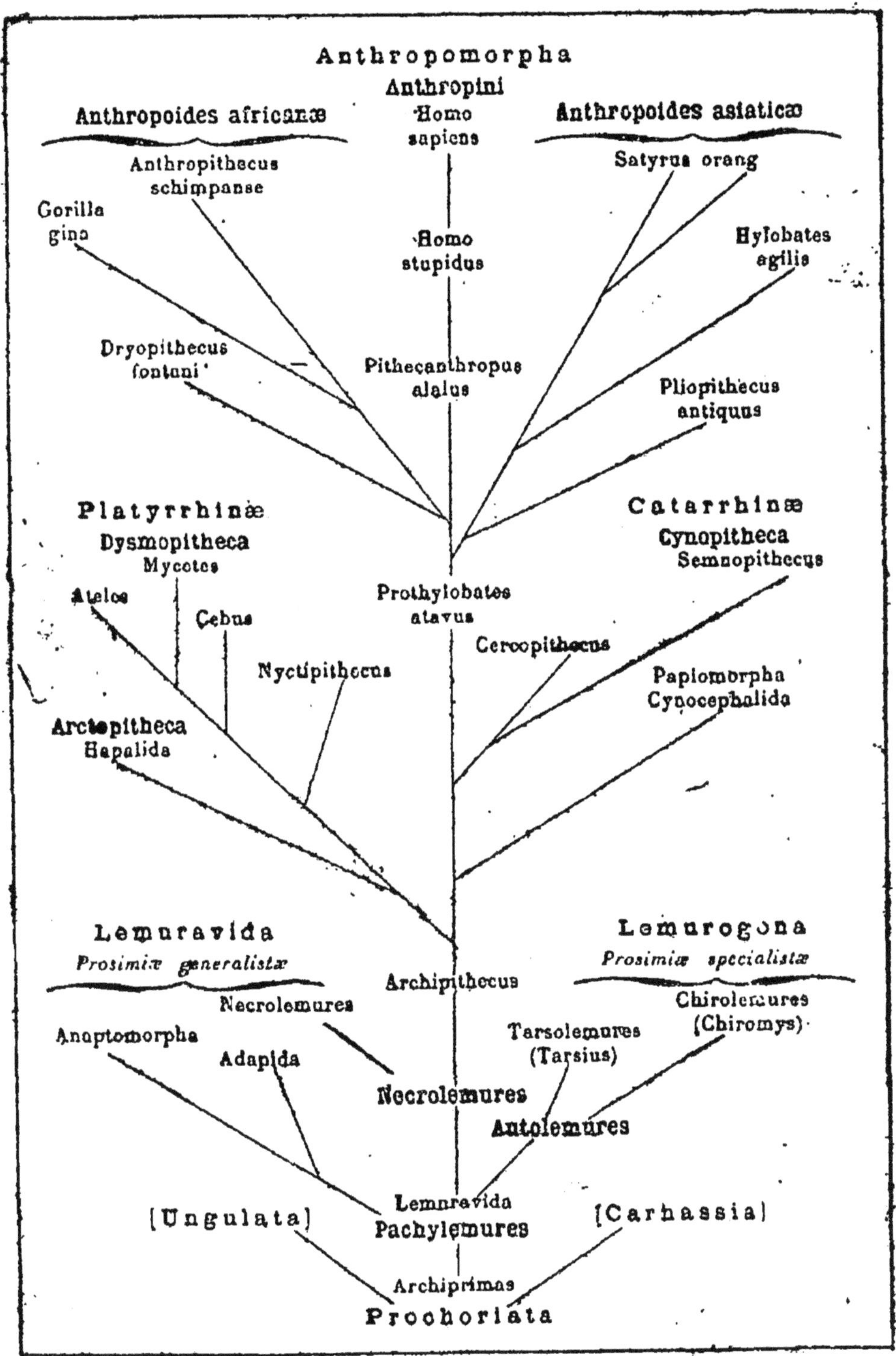

3 a. Progonotaxie (ou généalogie) de l'Homme, première partie.

Série ancestrale ancienne, sans restes fossiles, antérieure à l'époque silurienne.

Stades principaux	Groupes primitifs de la série ancestrale	Organismes actuels apparentées aux formes ancestrales	Paléontologie	Ontogénie	Morphologie
Stades 1 — 5: **Ancêtres-Protistes** Organismes unicellulaires	1. **Monera** (Plasmodoma) Pas de noyau	1. **Chromacea** (*Chroococcus*) *Phycochromacea*	O	!?	I
	2. **Algaria** Algues unicellulaires pourvues d'un noyau	2. **Paulotomea** *Palmellacea* *Eremosphaera*	O	!?	I
1 — 2. Protophytes plasmodomes	3. **Lobosa** (Amoebine) Rhizopodes	3. **Amoebina** *Amoeba* *Leucocyta*	O	!!	II
	4. **Infusoria** Infusoires	4. **Flagellata** Euflagellata Zoomonades	⊙	?	II
3 — 5. Protozoaires plasmophages	5. **Blastaeades** (Coenobia) Sphères pluricellulaires creuses	5. **Catallacta** *Magosphaerae*, *Volvocina* *Blastula*	O	!!!	III
Stades 6 — 11: **Ancêtres métazoaires invertébrés**	6. **Gastraeades** Animaux à 2 feuillets et à intestin primitif	6. **Gastrula** *Hydra*, *Olynthus* *Orthonectida*	O	!!!	III
	7. **Platodes I** *Platodaria* (pas de néphridies)	7. **Cryptocoela** (*Convoluta*) (*Proporus*)	O	?	I
6 — 8. Cœlentérés (ni anus, ni cavité générale distincte)	8. **Platodes II** *Platodinia* (pourvus de néphridies)	8. **Rhabdocoela** (*Vortex*) (*Monotus*)	O	?	I
	9. **Provermalia** (Vers primitifs) *Rotatoria*	9. **Gastrotricha** *Trochozoa* *Trochophora*	O	?	I
9 — 11: Vermaliens (anus et cavité générale)	10. **Frontonia** *Rhynchelminthes* Vers à trompe	10. **Enteropneusta** *Balanoglossus* *Cephalodiscus*	O	?	I
	11. **Prochordonia** Vers à corde dorsale	11. **Copelata** *Appendicaria* Larves de chordula	O	!!	II
Stades 12 — 15: **Ancêtres monorrhines** Vertébrés les plus anciens, sans maxillaires ni membres pairs, à fosse nasale non paire	12. **Acrania I** Acraniens anciens (Prospondylia)	12. **Larves d'Amphioxus**	O	!!!	II
	13. **Acrania II** Acraniens récents	13. **Leptocardia** Amphioxus (Poisson-lancette)	O	!	III
	14. **Cyclostoma I** Cyclostomes anciens (Archicrania)	14. **Larves de Petromyzon**	O	!!!	II
	15. **Cyclostoma II** Cyclostomes récents	15. **Marsipobranchia** Myxinoïdes Petromyzontes	O	!	III

3 b. Progonotaxie (ou généalogie) de l'homme, deuxième partie.

Série ancestrale récente, ayant laissé des traces fossiles, commençant au silurien.

Périodes de l'histoire de la Terre	Groupes primitifs de la série ancestrale	Organismes actuels apparentés aux formes ancestrales	Paléontologie	Ontogénie	Morphologie
Période silurienne	16. Selachii Poissons primitifs *Proselachii*	16 Notidanides Chlamydoselachus Heptanchus	I	!!	III
Période silurienne	17. Ganoides Poissons à émail *Proganoides*	17. Accipenserides (Esturgeons) Polypterus	II	!	II
Période dévonienne	18. Dipneusta Poissons amphibies *Paladipneusta*	18. Neodipneusta Ceratodus Protopterus	I	!!	II
Période carbonifère	19. Amphibia Batraciens *Stegocephala*	19. Phanerobranchia Salamandrina (Proteus, Triton)	II - III	!!!	III
Période permienne	20. Reptilia Reptiles *Proreptilia*	20. Rhynchocephalia Sauriens primitifs *Hatteria*	III	!!	II
Période triasique (Mesoz. I)	21 Monotrema Monotrêmes *Promammalia*	21. Ornithodelphia *Echidna* *Ornithorhynchus*	I	!!!	III
Période jurassique (Mesoz II)	22. Marsupialia Marsupiaux *Prodidelphia*	22 Didelphia *Didelphys* *Perameles*	I	!!	II
Période crétacée (Mesoz. III)	23. Mallotheria Placentaires primitifs *Prochoriata*	23. Insectivora Erinaceida (Ictopsida +)	II	!	I
Eocène ancien	24. Lemuravida Lémuriens anciens Dent. 3. 1. 4. 3.	24. Pachylemures (*Hyopsodus* +) (*Adapis* +)	III	!?	II
Eocène récent	25. Lemurogona Lémuriens récents Dent. 2. 1 4. 3.	25. Autolemures *Eulemur* *Stenops*	II	!?	II
Période oligocène	26. Dysmopitheca Singes occidentaux Dent. 2. 1. 3. 3.	26. Platyrrhinae (*Anthropops* +) (*Homunculus* +)	I	!	II
Miocène ancien	27. Cynopitheca Singes pourvus d'une queue	27. Papiomorpha (babouin, papion) *Cynocephalus*	I	!	III
Miocène récent	28. Anthropoides Singes sans queue, à conformation humaine	28. Hylobatida Hylobates Anthropithecus	I	!!	III
Période pliocène	29. Pithecanthropi Hommes-singes ne possédant pas le langage articulé (Alali)	29. Anthropitheca Chimpanze Gorille	II	!!!	III
Période pléistocène	30 Homines doués de la parole (Loquaces)	30. Weddales Nègres d'Australasie	I	!!!	III

EXPLICATION DU TABLEAU HISTORIQUE

(P. 115)

RÉDUCTION CHRONOMÉTRIQUE DES PÉRIODES DE TEMPS BIOGÉNÉTIQUE

La longueur inouïe des *périodes biogénétiques* (cad. des espaces de temps à travers lesquels la vie organique s'est développée sur notre planète) est évaluée très diversement, aujourd'hui encore, par les géologues et les paléontéologues, les astronomes et les physiciens ; c'est que les bases empiriques sur lesquelles on fonde cette évaluation sont très incomplètes et permettent des appréciatiens très divergentes. Cependant la plupart des naturalistes compétents s'accordent à admettre que cette longueur de temps comprend, *au moins* de 100 à 200 millions d'années (selon d'autres, le double ou plus encore). Bornons-nous comme *chiffre minimum* à *cent millions d'années* (cad. 100.000 milliers d'années !), celles-ci se répartiront entre les cinq périodes principales de l'*histoire organique de la terre,* à peu près comme l'indique le tableau 1, que nous donnons p. 115. Afin de permettre à notre humaine imagination de se représenter un peu plus nettement la longueur stupéfiante de ces périodes phylogénétiques et, en particulier, afin de nous rendre sensible la brièveté relative de ce qu'on appelle « l'histoire universelle », le *Dr H. Schmidt*, d'Iéna, a ramené le nombre minimum admis, de 100 millions d'années, par une réduction chronométrique, à un jour Grâce à cette « projection en raccourci », les 24 heures du « jour de la création » se répartissent ainsi qu'il suit entre les cinq périodes phylogénétiques :

I. *Période archozoïque* (52 millions d'années) = 12 heures 30 minutes.

II. *Période paléozoïque* (34 millions d'années) = 8 heures 7 minutes.

III. *Période mésozoïque* (11 millions d'années) = 2 heures 38 minutes.

IV. *Période cénozoïque* (3 millions d'années) = 43 minutes.

V. *Période anthropozoïque* (0,1 — 0,2 millions = 2 minutes.

Si l'on évalue la durée de ce qu'on appelle « l'histoire universelle » (cad de l'histoire de la civilisation humaine) à 6.000 ans, il en résulte que cette période ne réprésente que les *cinq dernières secondes* du « jour de la création » (— *l'ère chrétienne* n'aurait pas encore duré deux secondes ! ! —). Cf. Prométhée, 1899, Xe année, p. 381.

REMARQUES

1. Notion d'évolution (p. 9). — Aujourd'hui encore, dans les différentes sciences, la notion d'évolution est si diversement comprise et définie qu'il importe de préciser dès le début le sens général que nous donnerons ici à ce terme. J'entends par « évolution », au sens le plus large du mot, les continuelles « modifications de la substance », en prenant pour base la notion fondamentale de substance telle que l'a posée Spinoza ; dans cette notion la « force et la matière » (énergie et matière) — ou « l'esprit et la nature » (Dieu et le monde) sont indissolublement unis. L'histoire de l'évolution, au sens le plus large, est donc « l'histoire de la substance », ce qui implique que la « loi de substance » soit considérée comme universellement valable. Par elle, la « loi de conservation de la matière » (Lavoisier, 1789) et la « loi de conservation de l'énergie » (Robert Mayer, 1842) demeurent inséparables l'une de l'autre, quelque différence que révèle la forme de modification du devenir. Cf le chapitre XII de mes *Enigmes de l'Univers* (loi de substance).

2. Laplace et le Monisme (p. 11). — La presse orthodoxe s'est récemment efforcée de nier la célèbre « profession athéiste » du grand Laplace, qui n'est cependant que la conséquence loyale de son génial « système du monde » ; des publicistes ont été jusqu'à prétendre que ce philosophe moniste avait, à son lit de mort, fait une profession de foi catholique ; à l'appui de cette assertion, on invoque le témoignage d'un prêtre ultramontain. Il est inutile de discuter au sujet de l'amour de la vérité qui anime de pareils fanatiques « serviteurs de de Dieu ». L'Eglise tient les faux témoignages de ce genre, pourvu qu'ils aient pour but « l honneur de Dieu » (c'est-à-dire son propre avantage), pour des œuvres pies (*pia fraus !*) Par contre, il est intéressant de rappeler ce que répondit, il y a cent vingt ans, un ministre des cultes prussien, M. de Zedlitz, au consistoire de Breslau, qui lui représentait que « le meilleur sujet était celui qui croyait le plus » ; Zedlitz écrivit : « Sa Majesté (Frédéric le Grand) n'est pas disposée à faire reposer la sûreté de l'Etat sur la bêtise des sujets ». Cf. l'excellente conférence du Dr J, Unold : *Devoirs et fins de la vie humaine.* (Collection Teubner, Leipzig, 12 fascicules, p. 6) A ce libéral Ch. de Zedlitz, qui cherchait à favoriser la liberté de la pensée dans l'enseignement des écoles prussiennes, s'oppose, comme un triste antipode, le ministre actuel des cultes. Robert de Zedlitz, qui en 1891, présenta, au Landtag prussien, la loi conservatrice et ultramontaine sur les « Ecoles populaires ». Cette loi, qui mérite d'être flétrie, tendait à soustraire les écoles populaires à la pédagogie scientifique, pour les livrer à la hiérarchie papiste ; elle souleva une opposition si générale de l'opinion publique, qu'il fallut la retirer. Cf. ma brochure sur *Les vues philosophiques sous leur aspect le plus récent,* (liv. II des *Conférences populaires*, p. 327).

3. **Géologie moniste** (p. 12). — *Ch. de Hoff* (à qui, comme à Wolff et à Lamarck, on n'a rendu que tardivement justice !) avait, dès 1822, à Gotha, posé les bases de la géologie naturelle, sur lesquelles ensuite, en 1830, Ch. Lyell édifia ses principes de géologie. « Dans l'exposé de ses idées fondamen-« tales nous trouvons cette conception élevée de l'unité, de la « constance de l'être et de l'action de la nature, de cette nature « qui, au cours d'espaces de temps incalculables, lentement et « constamment, crée selon des lois invariables, transformant « et développant sans cesse les choses présentes » Cf. la Biographie scientifique du Dr Otto Reich : *Ch E. von Hoff, précurseur des géologues modernes*, Leipzig, 1905. En outre, Jean Walther, *Introduction à la géologie*, Iéna, 1893, 1re partie, p. 15.

4. **Moïse ou Darwin** (p. 13). — On trouve un excellent exposé populaire de cette importante alternative et, en particu-

lier, « des dangers redoutables, créés par la scission entre les théories exposées dans les hautes et dans les basses classes de l'école », — dans le troisième volume des Discours et Conférences d'Arnold Dodel, *A travers la Vie et la Science*, Stuttgart, 1896. Par opposition à cette critique moniste et rationnelle de la doctrine mosaïque de la création, on pourra lui comparer l'œuvre comique du défenseur anglais de la Bible, Samuel Kinns : *Moïse et la géologie, ou Harmonie entre la Bible et la Science*, Londres, 1822. Pareil en cela aux plus modernes jésuites, le pieux astronome de la Bible exécute les plus invraisemblables gambades en vue d'effectuer l'impossible réconciliation de la science de la nature avec la croyance biblique.

5. **Géologie et enseignement scolaire** (p. 13). — Les grandes lacunes de l'enseignement scolaire en Allemagne sont particulièrement sensibles sous le rapport de la géologie et de la biologie, toutes deux fort négligées. Combien, cependant, la simple considération des phénomènes du développement de la terre, tels qu'ils sont accessibles à tous, est attrayante et instructive, c'est ce que permet de constater l'*Introduction à la géologie*, de J. Walther (1905).

6. **Philosophie et doctrine de l'évolution** (p. 26). — La philosophie allemande, telle qu'elle est officiellement représentée dans nos universités, est, aujourd'hui encore, surtout une métaphysique, qui croit pouvoir se passer des bases empiriques de la science naturelle. C'est pourquoi, faute de connaissances biologiques et faute de comprendre leur portée, la philosophie s'est comportée, la plupart du temps, vis-à-vis de la doctrine moderne de l'évolution, soit avec indifférence, soit avec hostilité.

7. **Jésuites et Naturalistes** (p. 36). — La sophistique des Jésuites, qui se faufile à la manière des anguilles et qui atteint, dans leur grandiose système politique du mensonge, à une perfection digne d'admiration, ne peut pas être réfutée par des arguments rationnels. Un intéressant exemple, à l'appui de mon opinion, nous a été fourni jadis par le *P. Wasmann* lui-même, dans sa lutte avec le docteur en médecine *G. Marcuse*.

Dans son zèle de croyant fanatique, « le naturaliste » *Wasmann* s'était égaré jusqu'à exploiter la grossière supercherie d'une soi-disant « cure miraculeuse » par la grâce de « Notre-Dame d'Oostacker (la Vierge de Lourdes des Belges) ». Le Dr *Marcus* eut le mérite de découvrir cette « pieuse tromperie » et de l'exposer dans toute sa stupéfiante nudité (*Voix allemandes*, Berlin, 1903, 4e année, no 20). En guise de réfutation scientifique, le Jésuite répondit par de sophistiques déformations de la vérité et par des invectives personnelles (supplément scientifique de la *Germania*, Berlin, 1902, no 43 et 1903, no 13). Dans sa réplique définitive, le Dr *Marcuse* déclare : « Ce que je voulais est atteint ; procurer encore une fois à l'humanité pensante un aperçu du monde d'idées que renferme la foi en la lettre morte et vide de contenu, qui ose mettre à la place de l'investigation de la nature et de la science de la vérité et de la certitude, la plus grossière superstition et le culte des mythes curatifs. » (*Voix allemandes*, 1903, 5e année, no 3.)

8. L'empereur et le pape (p. 41). — Pendant que je parcours les épreuves de ces conférences, les journaux rapportent le bruit d'une nouvelle défaite de la dignité impériale allemande, qui ne peut que remplir d'un chagrin profond le cœur de tout ami sincère de la patrie. Le 9 mai de cette année, la nation allemande a célébré le centième anniversaire de la mort du plus populaire de nos poètes, *Fr. Schiller*. Avec une rare entente, tous les partis politiques de l'Allemagne et toutes les sociétés allemandes dispersées à l'étranger se sont trouvés d'accord pour exprimer leur culte à l'égard du grand poète de l'idéalisme allemand. A Strasbourg, le professeur *Th. Ziegler* fit un remarquable discours dans la grande salle de l'Université. L'empereur, présent à Strasbourg, fut invité, mais ne parut pas ; au lieu de cela, il passa, à côté de la ville, une brillante revue militaire. Quelques jours après, il s'asseyait à la même table que des cardinaux romains et des évêques allemands, parmi lesquels l'évêque *Benzler*, de triste renom, celui qui déclara un jour que la terre d'un cimetière chrétien était profanée par la sépulture d'un protestant. Dans les fêtes de ce genre, les catholiques allemands ont coutume de porter le premier toast au pape, le second à l'empereur ; ils jubilent aujourd'hui de ce que le pape et l'empereur soient étroitement alliés. L'histoire tout entière du papisme romain (caricature misérable de l'ancienne religion catholique !) nous apprend, cependant, clairement que tous deux, par nature, sont et doivent rester ennemis irréconciliables ! Ou bien, c'est l'empereur qui règne, ou bien, c'est le pape !

9. **Souvenirs biographiques** (p. 49). — Ayant eu, à diverses reprises, dans ces conférences de Berlin, l'occasion de rapporter quelques incidents de ma vie d'étudiant, qui se sont passés, il y a cinquante ans, à Berlin et à Würtzbourg, — m'étant, en outre, reporté à mes travaux antérieurs, je dois ajouter que le lecteur sympathique, s'il s'y intéresse, trouvera de nouveaux détails dans les ouvrages suivants : I. W. Bölsche, *Ernest Haeckel, étude biographique*, 2e édition, 1905, Seemann, Berlin. II. W. Breitenbach, *E. Haeckel, sa vie et son œuvre*, 2e éd., Brackwede, 1905. III. K. Keller et A. Lang, *E. Haeckel, le savant et l'homme*, discours prononcés lors de la célébration du soixante-dixième anniversaire de la naissance de Haeckel, le 16 février 1904 (Zürich).

10. **Darwin et Virchow** (p. 55). — La lettre manuscrite dans laquelle le doux Darwin porte sur Virchow un jugement sévère est reproduite à la page 50 de ma Conférence de Cambridge (1898): De l'état actuel de nos connaissances concernant l'origine de l'homme (9e éd. Stuttgard, 1905). Voici textuellement le passage en question : « Virchows conduct is shameful, and I hope he will some day feel the shame ». Ma réplique au discours de Virchow est reproduite, sous le titre de « Science libre et enseignement libre », dans le 2e volume de mes « Conférences populaires » (Bonn, 1902, p. 199) et elle vient de l'être, en outre, dans la *Libre Parole* (Nouvelle Société d'édition, Francfort, avril 1905).

11. **La philosophie de la nature chez Gœthe** (p. 59.). — L'attitude de Gœthe devant le monisme et l'idée d'évolution a été à diverses reprises exposée par moi dans mes ouvrages antérieurs, en particulier dans ma Conférence d'Eisenach (1882) sur : « La conception de la nature chez Darwin, Gœthe et Lamarck » (conférences populaires 1902, 1 vol. p. 217-280) ; et,

en outre, dans ma conférence sur : « La biologie à Iéna au cours du dix-neuvième siècle ». (*Rev. des Sciences nat. d'Iéna*, vol. 39, 1905).

12. La consanguinité de l'homme (p. 71.). — Les sophismes illusoires au moyen desquels Wasmann cherche à retirer leur force aux recherches convaincantes de Friedenthal, Uhlenhuth et Nuttall, sont dans leur genre des chefs-d'œuvre de sophistique jésuite, tout comme la polémique artificieuse dirigée contre mon *Anthropogénie* (5e éd. 1903) et contre l'œuvre instructive de *R. Wiedersheim* : *La structure de l'homme, témoignage de son passé* (3e éd. 1902).

13. Profanation de la Sing-Akadémie de Berlin (p. 109.). — Parmi les nombreuses attaques et injures que les journaux pieux de la capitale m'ont adressées pendant que je faisais, à Berlin mes conférences, revenait souvent ce reproche que : « la salle, de tous temps respectable, de la Sing-Akademie serait honteusement profanée par ces conférences ». En même temps que je remercie mes noirs ennemis de cette involontaire marque d'honneur, je les prie de la reporter à un plus grand naturaliste que moi, à *Alex. de Humboldt*. Car ce célèbre savant berlinois fit, au même endroit, il y a de cela 77 ans (en 1828), les conférences si justement applaudies d'où sortit son œuvre principale, le *Cosmos*. Ce grand homme, qui avait exploré le monde, dont le regard clair avait reconnu la régulière unité de la nature dans son ensemble et qui, avec Gœthe, trouvait là la vraie connaissance de Dieu — essayait alors d'exposer au public cultivé de Berlin sous une forme populaire très élégante les « Principes de la description physique de l'Univers » et de montrer partout la prédominance de la loi naturelle. Ce que j'essayai 77 ans plus tard d'établir au sujet du monde organique, c'est exactement ce qu'en cette même salle *Humboldt* avait démontré au sujet de la nature inorganique ; je voulais faire voir comment les progrès immenses de la biologie moderne (depuis Darwin) nous permettent de résoudre jusqu'au plus difficile de tous les problèmes, celui du développement historique des plantes et des animaux et à leur sommet, de l'homme, par l'application des mêmes « grandes lois éternelles et d'airain ». *Humboldt* avait recueilli, d'une part, la gratitude et le succès le plus vifs, dans tous les milieux où la pensée est libre et où l'on a soif de vérité, — d'autre part, en revanche, la désapprobation et les soupçons, dans les milieux berlinois orthodoxes et conservateurs et dans l'entourage de la cour : le général *de Witzleben* avait représenté au roi de Prusse combien ces doctrines « ennemies de la foi » menaçaient la puissance de la « religion » sans laquelle l'Etat ne pouvait subsister ! Néanmoins, *Humboldt* était trop considéré par la cour de Prusse (qui, elle-même assistait aux conférences du savant et marquait son approbation) pour être sérieusement menacé par ces dénonciations. S'il vivait encore aujourd'hui et s'il se risquait à enseigner, comme une conséquence naturelle de son *Cosmos*, la théorie de la descendance et de l'anthropogénie, il aurait, à la cour actuelle, une situation difficile ! D'ailleurs je conseille aux pieux soutiens du trône et de l'autel qui se plaignent aujourd'hui amèrement de la « profanation de la Sing-Akadémie », de remédier au mal par les procédés de la désinfection moderne, ainsi que le pape, en septembre 1904, a fait désinfecter les saintes églises de Rome, « profanées » par le Congrès de la libre-pensée. Je ne crois pas en tous cas que le bacille de la vérité, si redouté et si haï, puisse être détruit par ces fumigations de formol, pas plus que par les déclamations des prédicateurs de la cour berlinoise, qui se lamentent sur les théories destructives de l'évolution et de la descendance du singe !

14. La religion et l'idée d'évolution (p. 111). — A l'occasion de ces mêmes conférences de Berlin, on m'a adressé de nouveau, dans les journaux orthodoxes et conservateurs, avec une violence particulière, le vieux reproche que l'idée d'évolution détruisait la religion et avec elle les bases d'un état organisé et jusqu'à la civilisation tout entière. Ce grave reproche n'est justifié que si l'on entend par « religion » la superstition traditionnelle, la conception anthropomorphiste d'un « Dieu personnel » défini, la prétention égoïste à une bienheureuse « vie éternelle » et la croyance erronée que l'humanité et la moralité véritables ne sont possibles que fondées sur ces imaginations mystiques. Je crois fermement, au contraire, à cette idée rationnelle que notre religion moniste, fondée sur la connaissance moderne de la nature, sur la loi de substance et la doctrine évolutioniste constitue le plus grand progrès de l'esprit humain sur le domaine lui-même de la philosophie pratique, en éthique comme en sociologie, en pédagogie comme en politique. J'ai longuement cherché à justifier cette conviction inébranlable dans mes deux derniers ouvrages, les *Enigmes de l'Univers* et les *Merveilles de la vie.*

APPENDICE

L'ÉVOLUTION ET LE JÉSUITISME

Les rapports entre notre idée d'évolution et les dogmes jésuites sont, à divers points de vue, si importants et exposés à tant de malentendus que j'ai considéré comme un devoir essentiel de les bien mettre en lumière par mes trois conférences de Berlin. Je crois avoir montré clairement qu'il y a, entre les deux doctrines, une *opposition irréconciliable* et diamétrale et que la tentative des Jésuites modernes pour mettre d'accord les deux antagonistes repose sur l'illusion et le sophisme. Si je me suis arrêté en première ligne aux écrits du savant Père jésuite, *Erich Wasmann,* c'est non seulement parce que cet alerte écrivain a traité la question d'une façon plus complète et plus habile que la plupart des autres Jésuites, mais ce qui m'y autorisait, en outre, c'est que grâce à ses profondes connaissances biologiques et surtout à ses recherches sur les fourmis, poursuivies pendant plusieurs années, *Wasmann* semblait particulièrement à même d'appuyer ses vues sur une base scientifique. Contre l'exposé que j'en ai donné, il vient de protester énergiquement dans une *lettre ouverte*, à moi adressée, et qui a paru le 2 mai 1905 dans le n° 99 de la *Germania* berlinoise (romaine !) et dans le n° 358 du *Journal populaire de Cologne.*

Les objections sophistiques que *Wasmann* soulève dans cette lettre contre l'exposé que j'ai fait de ses idées dans mes conférences de Berlin, et la façon trompeuse dont il dénature les problèmes les plus importants, m'obligent à le réfuter brièvement dans ce *supplément*. Je ne suis, bien entendu, pas à même de réfuter toutes les objections de mon adversaire, ni de le convaincre lui-même qu'elles ne se soutiennent pas. C'est chose connue qu'il est impossible, même à la logique la plus claire et la plus subtile, d'en avoir jamais fini avec un *Jésuite* intelligent ; car il se sert avec habileté des faits eux-mêmes, et en les retournant et les défigurant, il transforme la vérité en son contraire. C'est d'ailleurs tout à fait peine inutile de vouloir convaincre un adversaire par des arguments rationnels, quand il est convaincu que la *croyance* religieuse « est au-dessus de la *raison* tout entière ». Le point de vue de *Wasmann* est nettement caractérisé par la *Considération finale* du onzième chapitre de son livre sur : *La biologie moderne et la théorie de l'évolution* (p. 307) : « Entre la science naturelle et la révélation surnaturelle, il ne peut jamais y avoir de réelle contradiction car elles tirent toutes deux leur origine du même esprit divin. » Cette affirmation est merveilleusement illustrée par la lutte continuelle que la « Science naturelle » est sans cesse obligée de soutenir contre la croyance à la « révélation surnaturelle », lutte qui se fait jour partout dans la littérature philosophique et théosophique, en particulier depuis un demi-siècle.

Le point de vue orthodoxe de *Wasmann* nous devient surtout clair par l'aveu suivant : « La *théorie de l'évolution*, que je défends en tant que naturaliste et philosophe, repose sur les fondements de la *conception chrétienne*, que je considère comme la seule juste : Au commencement Dieu créa le ciel et la terre ». Malheureusement *Wasmann* n'a pas dit comment il se représentait cette « création tirée du néant », ni ce qu'il entendait par *Dieu* et par *Ciel*. Pour l'éclairer là-dessus on peut lui recommander l'excellent livre de *Troels-Lund* : *Tableau du Ciel et Conception de l'Univers*.

Presque à la même époque où je faisais à Berlin mes Conférences darwinistes, *Wasmann* illustrait son livre par des conférences bien jésuitiques (faites à Lucerne les 11 et 12 avril dans la grande salle de l'école cantonale). La *Patrie*, journal ultramontain de Lucerne (nos 88, 90, 92), voit dans ces conférences une *action libératrice* et un *facteur décisif* dans le combat des esprits ». La phrase suivante est relevée : « Au stade le plus élevé de la philosophie évolutionniste et théiste trône Dieu, le tout puissant créateur du ciel et de la terre ; tout de suite après lui, *créée* par lui, l'*âme humaine* immortelle. Nous atteignons à ces notions, non seulement par la foi, mais encore par la voie inductive, c'est-à-dire purement *scientifique!* La conception de l'Univers, construite sur la doctrine théiste de l'évolution est ainsi la seule rationnelle et véritablement scientifique, tandis que la conception athéiste se révèle comme contraire à la raison et antiscientifique ».

Pour discerner ce que cette assertion et les suivantes, de la part des Jésuites les plus modernes, ont de *mensonger*, nous devons faire expressément remarquer que la belliqueuse église chrétienne, — l'église orthodoxe évangélique dans une entente parfaite avec l'église catholique romaine, — a combattu énergiquement par tous les moyens possibles *trente années* durant, dès la première apparition du darwinisme, non seulement celui-ci, mais encore la *doctrine de l'évolution* en général. Et cela à très juste titre! Car les Pères de l'Eglise, avec leur regard pénétrant, avaient reconnu plus clairement que beaucoup de philosophes naïfs que la théorie darwiniste de la descendance était une clef de voûte indispensable dans la théorie universelle de l'évolution et que l'origine de l'homme, « descendant d'autres mammifères » en découlait avec une rigueur implacable. *Ch. Escherich* dit très justement dans son excellent ouvrage sur « *La théorie de la descendance* selon l'Eglise (1) » (p. 7) : « Jusqu'ici nous ne lisions presque dans la physionomie des noirs interprètes de nos théories, que la haine, l'amertume, le mépris, l'ironie ou le regret à l'endroit de la nouvelle intruse dans l'édifice de leurs dogmes, l'idée de la descendance. Aujourd'hui, (après l'apostasie de *Wasmann!*) les protestations des journaux du centre, affirmant que l'orthodoxie a déjà adopté depuis plusieurs dizaines d'années la théorie de la descendance, ne produisent qu'une impression de comique : on cherche, à cette heure précisément, alors que la théorie de la descendance a remporté une *victoire définitive*, à se poser comme si on ne lui avait jamais été hostile, comme si l'on n'avait jamais crié et tempêté contre elle — et comment, d'ailleurs, aurait-on jamais été assez fou pour cela puisque, par la théorie de la descendance la sagesse et la puissance du Créateur se manifestent à un plus haut point encore et sous un jour plus éclatant » ! La *même re-*

(1) *Karl Escherich*, « Théorie de la descendance selon l'Eglise », Munich, 1905. Supplément de l'*Allgemeine zeitung*, n°s 34, 35; en outre, quelques suppléments ultérieurs. Cf. aussi son article précédent dans le n° 136 du même journal, le 17 juin 1902.

traiter diplomatique est effectuée par le P. Jésuite *Martin Gand* dans sa brochure populaire sur *La Théorie de la descendance* (Cologne, 1904) : « Les formes actuelles de la matière ne sont *pas la création directe de Dieu*, mais ce sont les effets de la *force formatrice* déjà déposée par le Créateur dans la matière primitive et qui se sont ensuite affirmées peu à peu au cours de l'histoire de la terre, lorsque les conditions extérieures se sont trouvées combinées plus favorablement ». (1) Remarquons bien ce revirement très net de la part de la belliqueuse Eglise !

Le *système du mensonge*, digne d'admiration, que pratiquent les Jésuites et le pape, dont les premiers forment la plus dangereuse garde du corps, n'apparaît pas seulement avec évidence dans cet impossible amalgame de la théorie évolutioniste et de la croyance religieuse, mais encore dans les explications trompeuses de *Wasmann*, *Gander*, *Gutberlet* et confrères. Les graves dangers dont cette *fausse science* jésuite menacent nos écoles et notre culture intellectuelle tout entière, n'ont été exposés par personne d'une façon aussi convaincante que, récemment, par le comte de *Hoensbroech* dans la préface de son ouvrage célèbre : *La papauté dans son action sociale et civilisatrice* (1901) : « La papauté, dans sa prétention à être une institution divine, remontant au Christ, fondateur du christianisme, investi par Dieu de l'infaillibilité sur toutes les questions relatives à la foi et aux mœurs : c'est là la suprême, la plus redoutable, la plus *fructueuse erreur de l'histoire universelle tout entière*. Et cette grande erreur est entourée des *milliers de mensonges* de ceux qui la soutiennent ; et cette erreur et ces mensonges *combattent* pour un système de puissance et de domination, pour l'ultramontanisme. C'est pourquoi, pour la vérité elle aussi, il n'y a que la *lutte* qui soit possible. — Nulle part on ne ment autant ni *aussi systématiquement* que dans la *science ultramontaine*, surtout dans l'histoire de l'Eglise et dans celle des papes ; et nulle part les mensonges et les déformations de la vérité ne sont choses plus pernicieuses, car elles sont devenues parties essentielles de la religion catholique. Les *faits* de l'histoire le proclament bien haut : la papauté n'est rien moins qu'une institution divine ; aucune autre puissance au monde n'a introduit, comme elle, la malédiction et la ruine, les sanglantes horreurs et la honte dans le sanctuaire le plus intime de l'humanité, dans la *religion* ».

Ce *jugement condamnateur* porté sur le jésuitisme et le papisme a d'autant plus de valeur, que le comte de *Hoensbroech* est resté lui-même quarante ans au service de l'ordre des jésuites et qu'il a appris à connaître à fond toutes les ruses, tous les chemins détournés qui y sont pratiqués ; en les publiant, en les appuyant sur de nombreux documents officiels, il a rendu un service durable à la vérité et à la civilisation. Je ne faisais que répéter un jugement bien fondé chez lui lorsqu'à la fin de ma première Conférence de Berlin j'appelais le *papisme, la plus grande des duperies* qui aient jamais gouverné le monde intellectuel !

Une particulière ironie du sort me fit faire le même soir, (le 14 avril), l'expérience personnelle de la justesse de ce jugement. Un *télégramme envoyé par câble* par un reporter berlinois annonçait à *Londres* que j'avais pleinement approuvé la nouvelle théorie du *P. Wasmann* et m'étais convaincu de l'erreur du darwinisme ; j'avais reconnu, de même, que la théorie évolutioniste n'était pas applicable à l'homme, à cause de la nature distincte de son être intellectuel. Ce maudit télégramme passa de Londres en Amérique et dans les journaux de tous les pays. Il en résulta un flot de lettres de la part des adeptes stupéfiés de la théorie évolutioniste, qui m'interpellaient au sujet de mon incompréhensible revirement. Je crus d'abord que le faux télégramme provenait d'un malentendu ou d'une erreur de la part du reporter ; mais, par la suite, on m'annonça de Berlin que l'erreur de texte provenait sans doute d'une *altération volontaire* de la part d'un pieux serviteur de Dieu qui, par cet habile mensonge, cherchait à sauver la foi ; au lieu de « réfuté » il avait mis « approuvé » et au lieu de « vérité », son contraire, « erreur ».

La *lutte pour la vérité* dans laquelle j'ai fait depuis quarante ans les plus curieuses expériences m'a encore enrichi, par suite des Conférences de Berlin, d'un certain nombre de nouvelles impressions. Le torrent d'injures et de calomnies de toutes sortes que les journaux pieux (en tête le *Messager de l'Empire*, luthérien et la *Germania* romaine) a répandu sur moi, a dépassé toutes les bornes observées jusqu'ici. La fleur en a été recueillie par le *Dr H. Schmidt* (qui assistait lui-même à mes Conférences) et offerte aux lecteurs dans le second cahier de mai de la *Libre parole* (no 4, p. 144, Francfort-s.-M.). J'ai déjà fait allusion dans l'Appendice de l'édition populaire de mes *Enigmes de l'Univers*

p. 155-162) aux moyens indignes dont mes adversaires cléricaux) et métaphysiciens se servent pour rendre suspects mes travaux scientifiques et leur popularisation. Je ne peux que le répéter ici : les attaques et les calomnies touchant ma *personne* me laissent indifférent, et la bonne cause, celle de la *vérité* pour laquelle je combats ne se trouve pas par là démentie. C'est précisément le bruit inaccoutumé des cris de guerre de mes noirs ennemis qui m'a convaincu que les sacrifices faits par moi n'étaient pas vains et que j'avais par là apposé une modeste clef de voûte sur ce qui a été la tâche de ma vie : *Faire progresser la Science de la Nature en développant l'idée de l'évolution.*

Iéna, 17 mai 1905.

ERNEST HAECKEL.

www.ingramcontent.com/pod-product-compliance
Ingram Content Group UK Ltd.
Pitfield, Milton Keynes, MK11 3LW, UK
UKHW020342230726
13925UKWH00003B/929

9 782013 562713